kosmos
bibliothek

Band 285

Wolfgang Bechtle

Das Tessin

Reiseführer für Naturfreunde

Kosmos
Gesellschaft der Naturfreunde
Franckh'sche Verlagshandlung
Stuttgart

Umschlag von Edgar Dambacher unter Verwendung eines Fotos von Wolfgang Bechtle
Das Bild zeigt einen der reizvollsten Teile des Verzascatals unterhalb Lavertezzo.
Mit 50 Farbfotos und 6 Zeichnungen
Aufnahmen vom Verfasser

Die Bände der Kosmos-Bibliothek erscheinen als Vierteljahres-Buchbeigaben der Monatshefte Kosmos – Bild unserer Welt

Für die Bezieher (Mitglieder) des Kosmos bilden sie einen Bestandteil der Abonnements-Leistung

Kosmos-Bibliothek 1975:
Band 285: Bechtle, Das Tessin
Band 286: Schurz, Unser Gehirn
Band 287: Bestajovsky, Igel in Pension
Band 288: Botsch, Chemische Evolution

Änderungen vorbehalten

Über Veröffentlichungen, Bedingungen und Leistungen des Kosmos unterrichtet Sie jede Buchhandlung oder die Hauptgeschäftsstelle des „Kosmos": 7 Stuttgart 1, Postfach 640

Franckh'sche Verlagshandlung, W. Keller & Co., Stuttgart / 1975

LH 14 hö / ISBN 3-440-00285-3 / Printed in Germany / Imprimé en Allemagne
Gesamtherstellung: Konrad Triltsch, Graphischer Betrieb, 87 Würzburg

Das Tessin

Bild 1 (Seite 2). Blick vom Botanischen Garten auf der Brissago-Insel im Lago Maggiore hinüber zum Monte Gambarogno und zum Monte Tamaro. Der sehenswerte Park wird von den Universitäten Zürich und Basel betreut.

Wirklich nur für Naturfreunde!

Die Sonnenterrasse der Schweiz, wie der südliche Kanton, das Tessin, auch genannt wird, hat für jede Art von Urlauber ein reiches Angebot bereit. Man kann segeln, schwimmen, wasserskifahren, angeln, reiten, sportfliegen, man kann Konzerte besuchen, Galerien betrachten, Antiquitäten sammeln, kann malen, töpfern, wunderschöne alte Kirchen und Kapellen besuchen, kann fotografieren und dichten, man kann aber auch bloß auf der Piazza sitzen, die berühmten Erdbeerkuchen essen und den Jahrmarkt der Eitelkeiten Revue passieren lassen.

Es gibt, wie in den Buchläden von Locarno, Ascona und Lugano zu sehen ist, auch etliche Bücher über das Tessin, kunsthistorische, wanderlustige, oft auch nur Feuilletons der hier ansässigen Autoren mit Liebe, Wein und Fernblick.

Eine Gattung von Tessin-Urlaubern ist aber seither zu kurz gekommen, und es ist keine kleine Gattung, sondern eine Gruppe von Leuten, die von Jahr zu Jahr größer wird: die Naturfreunde. Menschen also, die ins Tessin kommen, um die großartige Natur um Lago Maggiore und Luganersee, im Sopraceneri und Sottoceneri zu erleben und etwas genauer zu studieren. Mineralien, Versteinerungen, Tiere und Pflanzen interessieren diese Leute, und sie finden darüber in den „normalen" Reiseführern zu wenig oder nichts.

Dieser Band der KOSMOS-Bibliothek soll hier eine Lücke füllen. Natürlich kann er kein kompletter Tessin-Naturführer sein, aber er will doch genügend mineralogische, zoologische und botanische Hinweise geben, um die Studien der hier ferienmachenden Naturfreunde zu unterstützen. Zugegeben: es ist ein sehr einseitiges Tessin-Buch; es läßt sämtliche Kapellen, Konzerte, Galerien und Sportmöglichkeiten aus und weist dafür hin, wo man Gottesanbeterinnen, Smaragdeidechsen, Feuerlilien oder fossile Meerechsen sehen kann. Womit nicht gesagt sein soll, daß Naturfreunde sich nicht auch an den Fresken einer alten Kapelle freuen könnten. Doch Hinweise darauf bieten „normale" Reiseführer genug. Warnung also: Wer nur ins Tessin kommt, um braun zu werden, Kaffee zu trinken und womöglich den Schauspieler Walter Giller über die Piazza wandeln zu sehen, möge dieses Buch nicht erwerben. Er hat nichts davon. Wer wird das Ding dann kaufen? Errötend gesteh ichs: Schlangenfänger, Steineklopfer, Pflanzennarren, Schmetterlingsfotografen, Käferfans und die Bewunderer der Tessiner Gärten. Leute eben wie ich. Die jedes Jahr wiederkommen.

W. B.

Bild 2 (links). Einer der schönsten Wasserfälle im ganzen Tessin ist die Cascata bei Foroglio im Val Bavona. Nur um die Mittagszeit beleuchtet die Sonne eine Stunde lang die Szenerie.

Das Tessin kann man riechen

Wohl schon zwanzigmal bin ich im Tessin gewesen, aber wir machen doch immer wieder unseren alten Spaß: Wenn wir oben am Gotthard angekommen sind, fahren wir ganz vor bis zu jener Stelle, da die berühmte „Tremola", jene abenteuerliche Kurvenstrecke nach Airolo hinunterführt, und dort steigen wir aus. Wir drehen uns gen Norden: Himmel grau, wolkenverhangen, es riecht nach Mief und Büro. Wir wenden uns gen Süden: blau lacht das Gestirn, es duftet nach Kastanien, Oliven, Oleander, Agaven. „Riechst Du's", fragen wir dann, und alle nicken stumm. – Vor über zwanzig Jahren bin ich mit einem Freund, der inzwischen ein berühmter Mann geworden ist, mit dem Motorrad da oben am alten Gotthardhospiz gestanden und wir haben zum erstenmal die Tessin-Riechprobe gemacht. „Aber ehrlich", sagte damals mein Beifahrer Horst Stern, „man riechts einwandfrei!"

Das Tessin, der Schweiz südlichster und romantischster Kanton, liegt gottlob so nahe an Mitteleuropa, daß es vom großen Strom der Südlandtouristen meist überfahren wird. Sind nicht gerade Sommerferien, da die braune Menschenhaut heutzutage ja überall ausgespannt wird, ist das (oder der) Tessin ein einsames, erholsames Land. Wer in seinen Tälern wandert, kann sich im Garten Eden wähnen; an der Piazza von Ascona allerdings weniger. Doch soll dieses Buch ja nicht der internationalen Schickeria gewidmet sein, sondern jenen Leuten, die man in alten Manchesterhosen oder Blue jeans im Urlaub antrifft, die draußen auf einem romantischen Felsen hocken, von einem Käse abbeißen und Nostrano trinken. Man sagt „Naturfreunde" zu ihnen, ein etwas einfältiges Wort, aber lassen wirs dabei. Heute muß ja jeder seinen Stempel haben.

Wie Sie ins Tessin kommen, ist auf jeder Karte ersichtlich. Unnütz eigentlich, dafür den knappen Platz im Text zu verschwenden. Deshalb nur kurz: zwei Hauptwege gibts, den alten (aber jetzt modernisierten) Weg über den Gotthardpaß, dann den schnelleren Autorennweg über Bregenz – Chur und den Bernardino-Tunnel (Durchfahrt gratis). Wenn Sie nur wenige Tage frei haben, nehmen Sie den Bernardino; sie sparen etwa eine Stunde Fahrzeit. Haben Sie aber die Zeit und das Glück, ihren Urlaub genießen zu dürfen, rate ich Ihnen zum Autobummel über den Gotthard. Ich empfehle Ihnen sogar, in Göschenen auszusteigen. Denn das Tessin beginnt – das ist eine seiner Eigenheiten – im Gebirge. Auch des Kantons Namensfluß, der Ticino, entspringt im Bedrettotal am Gotthard, und es ist reizvoll, sich von ihm in den Süden führen zu lassen.

In Göschenen sollten Sie aussteigen. Nicht um sich und das Auto verladen zu lassen (das tut man nur, wenn es wirklich „Katzen hagelt"), sondern um den

Laden des Herrn Peter Indergand am Bahnhofsplatz zu besuchen. Peter Indergand ist seines Zeichens „Strahler", was soviel heißt, daß er hauptberuflich Mineralien sucht (und sie selbstredend in seinem Geschäft auch verkauft). Die beiden Farbtafeln auf diesen Seiten zeigen Mineralien aus dem südlichen Gotthardgebiet, die Peter Indergand selbst gefunden hat. Er war ausnahmsweise so freundlich, unseren Lesern, die es ihm nachtun wollen, die genauen Fundplätze anzugeben. Natürlich entdecken Sie kaum ein derart unwahrscheinliches Stück, wie es Peter Indergand in seinem Laden in einer Glasvitrine verwahrt: einen der größten Rauchquarze der Welt, einen in den Spitzen dunkel gefärbten Bergkristall von einigen hundert Kilogramm Gewicht, den Peters Vater aus dem Tiefengletscher geholt hat. Aber Sie finden doch eine solche Menge Anregungen für eigene Gotthard-Mineralienexpeditionen, daß Sie ohne weiteres einen ganzen Tessinurlaub gleich hier verbringen könnten.

Wie gesagt, die Gotthardstraße ist modernisiert worden und mausert sich von Jahr zu Jahr mehr zur großen Alpenautobahn. Sie führt heute vierbahnig in einigen hundert Meter Entfernung am alten Hospiz vorbei und läßt die frühere Bergfahrerprüfung, die „Tremola", links liegen. Man schafft den Paß heute bequem und hat Muße, zum Autofenster hinauszusehen, um jeden Meter in Richtung Südtessin zu genießen.

Zunächst fährt man an Felsbrocken, Almweiden, Geröllhalden vorbei, aber schon 800 m über dem tief unten liegenden Airolo beginnt der Wald mit windgeplagten Tannen und Lärchen. Wer es nicht eilig hat, dem sei empfohlen, von Airolo nach rechts ins Bedrettotal abzubiegen, in dem der Ticino ganz hinten am Nufenenpaß entspringt. Das Flüßchen erhält bei Airolo kräftigen Zufluß aus dem Gotthardgebiet, biegt dann nach Süden ab und durchfließt die Valle Leventina, wo sein Wasser gleich mehrere Kraftwerke bedienen muß. Früher hat der Übermut des Ticino dazu gereicht, drei Talstufenschluchten zu durchbrechen: gleich hinter Airolo den Stalvedro-Engpaß, weiter unten den Talriegel des Piottino in der Dazio-Grande-Schlucht und endlich die Biaschina oberhalb Giornico, wo die Wasser über einen steilen Abhang fallen und von nun an freie Fahrt haben. Bei Biasca vereinigt der Ticino sich mit dem Brenno aus dem Blenio-Tal, fließt dann durch das breite Tal der Riviera, kommt nach Castione, wo er die Moesa aus dem Mesolcina-Tal (Misoxtal) aufnimmt. Ist er endlich in Bellinzona angekommen, ist er müde und wälzt sich ohne jeden südlichen Charme durch die Ebene von Magadino, an deren Ende er sich zunächst einmal im Lago Maggiore schlafen legt. Später macht er sich noch einmal auf, verläßt den See bei Sesto Calonde auf italienischem Boden und wandert durch die Lombardische Ebene in Richtung Po. Dort gibt er endgültig Geist und Namen auf.

In Airolo aber ist der Ticino noch ein Wildbach. Bis Faido begleiten ihn dichte Auenwälder aus Erlen, Weiden und Pappeln, in seinen trockenen Nebenschlingen wuchern der Sanddorn und die deutsche Tamariske. Schon bei Faido grüßen den Tessin-Urlauber die ersten Kastanien, die bei Biasca, am Ausgang

Bild 3 (rechts). Mineralien aus dem südlichen Gotthard-Gebiet.
Oberste Reihe, links: Pyrit aus dem Val Blenio (zweigt vom Tessintal bei Biasca nordwärts zum Lukmanierpaß). – Pyrite sind messing- bis goldfarben und finden sich meist als Würfel mit einer zarten Streifung. Der Name Pyrit kommt vom griechischen Wort für Feuer = pyr, weil das Mineral mit Stahl Funken gibt und deshalb früher in der Büchsenmacherei als Feuerstein verwendet wurde.
Oberste Reihe, Mitte: Fluorit (Flußspat) als grüner Oktaeder vom Gotthardpaß bei Göschenen. – Das Mineral zeigt Glasglanz, ist oft durchsichtig und kommt in grüner, gelber, auch blauer Färbung vor. Der Name Fluorit deutet auf die Eigenschaft des Minerals, das Schmelzen, den „Fluß" von Erzen, Glas und Emaille zu beschleunigen. Schon im Altertum kannte man den Fluorit als Schmuckstein; so waren die teuren Murrinischen Gefäße des alten Roms aus diesem Mineral gearbeitet.
Oberste Reihe, rechts: Glimmer aus dem Straßentunnel bei Airolo. – Glimmer heißt dieses Mineral nach der glänzenden Oberfläche der kleinen Blättchen, die sich dünn spalten lassen und biegsam sind. Schon Plinius berichtet über die Verwendung von hellem Glimmer als Fensterglas. Heute findet das Mineral als Isolationsmittel in der Elektroindustrie Verwendung.
Zweite Reihe, links: Hornblende-Garbenschiefer vom Gotthard. – Hornblende zeigt Glasglanz und ist grünschwarz bis schwarz. Das abgebildete Stück zeigt das Mineral in garbenförmigen Büscheln, daher der Name Garbenschiefer.
Zweite Reihe, rechts: Aktinolith aus dem Val Blenio (nördlich Biasca). – Auch der Aktinolith gehört zur Hornblende-Gruppe. Sein Name ist nach dem Wort aktis = Strahl gebildet worden, man nennt ihn meist „Strahlstein".
Dritte Reihe, links: Calcit vom Val Canaria bei Airolo. – Die weißen oder blaß gefärbten Kristalle gibt es in vielen Größen und sie sind weit verbreitet. Meist findet man Rhomboeder. Beim Calcit ist die Lichtbrechung besonders groß; er zerlegt einen einfallenden Lichtstrahl in zwei verschiedene, so daß man beispielsweise einen Schriftzug durch solch einen „Doppelspat" doppelt lesen kann.
Dritte Reihe, zwei Kristalle in der Mitte: Bergkristall aus dem Val Bedretto (südlich des Gotthards, wo der Fluß Tessin entspringt). – Bergkristall gehört zur Quarzgruppe. Seine Formen und Farben sind sehr vielfältig. Schon in der Antike hat der „crystallus" die Phantasie der Menschen beschäftigt; weil man den Bergkristall oft in Gletschernähe fand, nahm man damals an, daß er ein besonders tiefgefrorenes und nicht mehr auftaubares Eis sei. Im 16. und 17. Jahrhundert wurden viele Prunkgefäße aus dem Mineral geschnitten. Heutzutage hat der wunderschöne Kristall etwas an Wert verloren, da er in großen Mengen aus Brasilien importiert wird.
Dritte Reihe, rechts: Tremolit vom Campolungo (Val Leventina). – Dieser Strahlstein aus der Hornblende-Gruppe ist benannt nach dem Val Tremola am Gotthard, obwohl die eigentliche Fundstelle der Campolungo südwestlich von Faido ist. Tremolit ist typisch für kristalline Schiefer.
Untere Reihe, links: Turmalin vom Pizzo Forno (beim Campolungo im Val Leventina). – Turmaline sind farblos, aber auch rosa, oft grün, braun bis schwarz. Oft in feinen Nädelchen, in Bündeln oder radialstrahlig in „Sonnenform". Turmaline kommen in Granitpegmatiten und kristallinen Schiefern vor.
Untere Reihe, rechts: Bergkristall aus Eisendolomit (Campolungo im Val Leventina). – Im Unterschied zu Calcit braust der Dolomit nicht, wenn er mit kalter, verdünnter Salzsäure behandelt wird. Im nördlichen Tessin ist der Dolomit eines jener Gesteine, in denen Bergkristalle gefunden werden. Dolomit ist nach D. Dolomieu benannt, der 1791 den Unterschied dieses Minerals von Kalk bemerkt hat.

des Brennotals, ganze Wälder bilden. Die ersten Reben reifen um das in der oberen Leventina liegende Giornico. Das fruchtbare Tal von Bellinzona endlich läßt den ganzen südalpinen Blumenflor des Tessins aufblühen: Pfirsiche und Mandeln, in den Gärten Kamelien, Mimosen, Rhododendren, Rosen. Hier spätestens müssen wir uns entscheiden, wohin wir wollen: über den Monte Ceneri hinüber zum Luganer See oder diesseits des Ceneri über Locarno zum Lago Maggiore.

„Sopraceneri" nennt man das Land diesseits, also nördlich des Monte Ceneri, „Sottoceneri" dagegen die Landschaft des Tessiner Südens mit dem Luganer See. Obwohl nur ein harmloser Paß die beiden Seelandschaften trennt, sind sie doch recht verschieden. Der Luganer See italienischer, der Langensee gut schweizerisch – obwohl da und drüben italienisch Landessprache ist. Dem Naturfreund machen „Sopra- und Sottoceneri" gleichfalls verschiedene Angebote:

Bild 4 (rechts). Mineralien aus dem südlichen Gotthard-Gebiet.
Oberste Reihe, links: Bergkristall auf Milchquarz vom Pizzo Lucendro, südwestlich des Gotthard. – Bei manchen Bergkristallen stellen Fachleute einen „Tessiner Typ" fest; abwechselnd treten Prisma und ein steiles Rhomboeder auf, das dem Kristall eine spitzkeilförmige Gestalt verleiht. Für Fundorte im Tessin charakteristisch.
Oberste Reihe, rechts: Staurolith auf Disthen, parallel verwachsen. Fundort: Pizzo Forno (Val Leventina). – Staurolith bildet in Kristallen meist hexagonale Säulen, kommt aber auch in unregelmäßigen Körnern vor. Disthen zeigt Glasglanz, kann farblos, auch weiß, gelb oder blau sein. Außer am Pizzo Forno findet sich Disthen im Tessin noch an der Alpe Campolungo, am Passo Cristallina.
Zweite Reihe, links: Bergkristall mit Aktinolitheinschluß vom Gotthardpaß. – Ein nicht häufiges Fundstück ist dieser Strahlstein, in einem Bergkristall eingeschlossen.
Zweite Reihe, Mitte: Pyrit auf Bergkristall, gefunden in Robiei (Oberstes Maggiatal, mit der Seilbahn zu erreichen). – Besonders dekorativ ist dieser mit Pyritwürfelchen bestäubte Bergkristall.
Zweite Reihe, rechts: Staurolith-Kreuz auf Disthen, vom klassischen Fundort Pizzo Forno. – Stauros heißt Kreuz. Diese Mineral-Zwillinge sind seit langem als „kreuzförmiger Schörl" bekannt und wurden von frommen Leuten getragen.
Dritte Reihe, links: Bergkristall vom Val Bedretto. – Auch in Form eines Kristallrasens kommt Quarz vor, sei er nun durchsichtig oder von milchiger Farbe.
Dritte Reihe, Mitte: Muskovit-Apatit-Bergkristall vom Pizzo Lucendro. – Muskovit ist nach dem Biotit der häufigste Glimmer. Er erhielt seinen Namen vom sogenannten Moskauer Glas, das früher nach Deutschland geliefert wurde. Apatit ist in fast allen magmatischen Gesteinen zu finden, auch in kristallinen Schiefern. Sein Name kommt von „apatao" = ich täusche, weil er früher manchmal mit Beryll und anderen sechsseitig kristallisierenden Mineralen verwechselt wurde.
Dritte Reihe, rechts: Adular vom Gotthardpaß. – Adular, ein Mineral aus der Feldspatgruppe ist meist ziemlich klar, da er nur wenig Natrium enthält. Er wurde von Pater Pini 1781 nach dem alten Adula-Gebirge, zu dem früher auch der Gotthard zählte, benannt. Im heutigen Adula-Gebirge kommt kein Adular vor.
Untere Reihe, links: Pyrit auf Calcit vom Val Canaria (nordöstlich Airolo). – Wenn die Pyritwürfelchen im Handel auch nicht viel gelten, so freuen sich doch viele Amateur-Strahler, wenn sie ein solches „Pseudo-Gold" finden.
Untere Reihe, rechts: Eisenrose, Fundort: La Fibbia, Gotthardpaß. – Fein verteilter Hämatit ist färbender Bestandteil in manchen Mineralien. Die berühmten Eisenrosen finden sich in alpinen Klüften. Sie entstanden durch eine rosettenartige Anordnung der Hämatit-Tafeln.

Der Luganer See ist in seiner Kulisse von steil abfallenden Uferbergen eindrucksvoller, streng eingefaßt. Besonders der Südteil des „Ceresio“, wie der See auf italienisch heißt, ist geologisch anders aufgebaut: hier weicht das Urgestein den Sedimenten eines frühen Meeres (wir sprechen später noch darüber), dort werden in berühmten Fundstätten Saurier aus der Trias ausgegraben. Im Mendrisiotto endlich, der sich südlich anschließenden Ebene, wo früher eine blühende Seidenraupenzucht gepflegt wurde, bis die Schildlaus in die Maulbeerbäume kam, wächst Tabak und Mais. Das „Sopraceneri“ dagegen, um den Lago Maggiore, bietet dem interessierten Wanderer, wenn auch die Uferberge am See weniger dramatisch sind, ein kombiniertes Angebot von großartiger Hochgebirgslandschaft der Gletscher Basodino und Cristallina, mit sehenswerten, romantischen Bergtälern bis herab in die südliche Vegetation des Seeufers. Fauna und Flora sind hier reichhaltiger, und wenn auch Fossilien fehlen, so kommt doch der Mineralienfreund auf seine Kosten.
Mein Tip: Haben Sie nur eine Urlaubswoche zur Verfügung, entscheiden Sie sich für einen der beiden Seen. Von drei Wochen an nehmen Sie das gesamte Angebot diesseits und jenseits des Monte Ceneri mit.

Tiere im Tessin

Es gibt Naturfreunde, die brauchen nur durch eine Landschaft zu wandern und können auf Anhieb sagen, ohne ein Tier gesehen zu haben, welche Fauna dort vorkommt. Schicken Sie einen solchen Mann das Verzasca-, Maggia-, Bavona-, Onsernonetal hinauf, lassen Sie ihn die sonnenwarmen Granitblöcke, die farnüberwucherten Schluchten, die sprühenden Wasserfälle sehen, — er wird Ihnen sagen: dies ist ein Land der Reptilien.
Und in der Tat: Im Tessin treffen sich sowohl die Kosmopoliten der Kriechtierfauna, die sich überall anzupassen wissen, dort treffen sich aber auch die Einwanderer aus dem Süden und die Relikte aus der Eiszeit. Die Landschaft, die sich von den Hochgebirgshöhen bis zu den subtropischen Ufergestaden der Seen als eine einzige Temperaturorgel darstellt, aus der sich jede Eidechse, jede Schlange ihre Vorzugswärme aussuchen kann, bietet für viele Arten eine

Bild 5 (links oben). Vom Val Bavona kann man mit der Seilbahn nach Robiei hinauffahren und hat Gelegenheit, eine kleine Exkursion zum Basodino-Gletscher (unser Bild) zu unternehmen.
Bild 6 (links unten). Fährt man das Maggia-Tal immer aufwärts, gelangt man schließlich zu dem Stausee von Fusio, der die meisten Bergfahrten der Touristen zu beenden pflegt. Neugierige fahren indes weiter und gelangen über eine gut ausgebaute, wenn auch sportlichkurvige Privatstraße zu den obersten Stauseen des Tales, von denen ein Weg hinüber ins Bedretto-Tal führt. Links liegt der Cristallina-Gletscher. Unser Bild zeigt die „Laghetti“, zwei Schmelzwasserseen an der oberen Fusiostraße.

Heimat. Und nicht nur dies: Das Tessin ist auch ein Paradies für Insekten (was die Eidechsen freut) und unter den Kronen der Kastanienhaine wimmelt es von Mäusen, sehr zur Freude der Schlangen. Hier ist ein Kriechtier-Schlaraffenland.

Besonders gut hat es hier die Mauereidechse *(Lacerta muralis)*, da sie nahezu überall ihr Biotop vorfindet: von der Sonne beschienene Steinhaufen, Gemäuer, Ritzen und Spalten für den Unterschlupf. So sieht man auch die kleine, überaus behende Echse, die auf ihrem braungrauen Kleid oft hübsche blaue Zeichnungen trägt, nahezu überall im Tessin. Schon im Februar sonnt sie sich am Damm von Melide, an den Hängen des Salvatore am Luganersee; nur wenig später erscheint sie am Lago Maggiore, an den Weinbergmauern des Maggiatales oder im Botanischen Garten auf der Brissago-Insel. Oft huschen diese Sonnenanbeter, in ganzen Trupps vereint, züngelnd umher und manchmal fechten die Männchen Scheinkämpfe untereinander aus.

Die schönste und auffälligste Vertreterin aus dem Lacertengeschlecht ist aber die grüne Smaragdeidechse *(Lacerta viridis)*, die im Tessin bis zu 35 cm lang wird und hier die Mittelmeerfauna vertritt. Im Frühjahr zeigen die Männchen tiefblaue Kehlen und sind – der Rücken ist grasgrün geperlt – überaus farbenprächtige Erscheinungen. Die Weibchen tragen etwas blassere Farben, doch haben auch sie manchmal die blaue Farbe an der Kehle und sind deshalb nicht leicht von den Männchen zu unterscheiden. Smaragdeidechsen sind sehr temperamentvoll und angriffslustig; nicht selten halten sie mit ihrem kräftigen Gebiß auch dem Angriff der Schlingnatter stand. Sie jagen in den Vormittagsstunden in schnellen Angriffen und manchmal beachtlichen Sätzen ihre Hauptbeute, die Heuschrecken, Käfer, Spinnen, Asseln, vergreifen sich gelegentlich auch an kleinen Mauereidechsen oder eigenen Jungtieren. Wird eine Smaragdeidechse in die Enge getrieben, reißt sie den Rachen weit auf und macht sich zum Biß bereit; wer je einmal eine solche Kämpferin in der Hand hielt, kann sich an die Blutblase erinnern, die der Biß hinterlassen hat.

Die grüne Eidechse ist besonders im oberen Maggiatal, bei Peccia, auch im romantischen Bavonatal häufig anzutreffen; sie liebt verkrautetes Hanggelände mit eingestreuten großen Steinen, auf denen sie ihr Sonnenbad nimmt. Interessant ist eine Verhaltensweise beim Sonnen, die man das „Klavierspielen" nennt: Die Echse bewegt die „Finger" ihrer Vorderbeine ähnlich wie ein Pianist und tut damit Wohlbehagen und Aktivität kund. Aktiv sind die Männ-

Bilder 7 und 8 (links oben und unten). Die beiden großen Tessiner Seen im Vergleich. Oben der Lago Maggiore vom Monte Brè aus. Die umgebenden Berge sind flacher, führen aber über die Täler in eine großartige Hochgebirgslandschaft hinein. Der Luganer See (unten) gibt sich enger und steiler eingefaßt, er ist südlicher, „italienischer", und mündet ins Mendrisiotto aus.

chen besonders im Mai, wenn die Paarungszeit beginnt und es gilt, bissige Gefechte mit Nebenbuhlern zu führen und die Weibchen mit mehr oder weniger auffordernden Nacken- und Flankenbissen gefügig zu machen. Das Imponiergehabe ist ein Aufrichten des Vorderkörpers und ein häufiges Nicken mit dem Kopf. *Lacerta viridis* legt ihre fünf bis zwölf etwa bohnengroßen Eier in den feuchtwarmen Mulm von Erdspalten und überläßt dem Klima das Brutgeschäft. Von November bis Anfang Mai hält die Smaragdeidechse im Tessin ihre Winterruhe.

Merkwürdig, daß in diesem Landstrich die in Europa sonst weitverbreitete Zauneidechse zu fehlen scheint. Sie hat auf die Einwanderung verzichtet und das Feld einer hochnordischen Verwandten überlassen, die sich auch in Mitteleuropa in kalten Höhenlagen angesiedelt hat: der Bergeidechse *(Lacerta vivipara)*, die bis in Höhen von 3000 Metern hochsteigt. Bis zu neun Monate dauert die Winterruhe dieses unscheinbar gefärbten Tieres, das seinen Beinamen „vivipara = lebendgebärend" von dem Anpassungsverhalten erhalten hat, keine Eier zu legen, die im Hochgebirge sehr gefährdet wären, sondern lebende Junge zur Welt zu bringen. Im Tessin trifft man die Bergeidechse im Bedrettotal (am Gotthard-Südhang), in der Steinwüste der Fuorcla di Cristallina, oberhalb Fusio im obersten Maggiatal, auch zu Füßen des Basodinogletschers, den man mit der Seilbahn von San Carlo im Bavonatal erreichen kann. Oft steigt sie so weit von den Bergen herunter, daß sie ihr Wohngebiet mit der Smaragdeidechse teilt.

Ähnlich wie mit diesen beiden Eidechsen verhält es sich auch mit den beiden Giftschlangen, die den Kanton Tessin bewohnen. Auch hier lebt die Kreuzotter *(Vipera berus)* an den Hängen des Hochgebirges und überläßt der wärmeliebenden Juraviper *(Vipera aspis)* die Täler um die beiden Seen. Kreuzottern findet man, wenn auch nicht mehr häufig, im nördlichen Tessin, etwa im Misox und dem Calancatal, auch im oberen Val Vercasca, am Joriopaß und am Camoghe. Von Süden her drang dagegen die Juraviper weit in die Tessiner Täler vor; sie wohnt heute in der Gegend von Mendrisio, Lugano, Castagnola, ist häufig im oberen Maggiatal bei Fusio und bei Peccia. Sie liebt Biotope mit Gestrüpp und Steintrümmern, meist in der Nähe von Kastanienhainen, in denen viele Mäuse vorkommen. Die Aspisviper, deren Biß früher

Bild 9 (rechts oben). Die Smaragdeidechse *(Lacerta viridis)* ist eine Schönheit unter den Reptilien. Leuchtend grün geperlt ist der Rücken des etwa 35 cm großen Tieres; während der Balzzeit im Frühjahr prangt die Kehle in tiefem Blau.

Bild 10 (rechts unten). Die Jura- oder Aspisviper *(Vipera aspis)* ist vom Süden her ins Tessin eingewandert und hat die Kreuzotter ins nördliche Gebirge verdrängt. Außer im schwarzgewürfelten Kleid zeigt sich die Schlange auch in reinem Schwarz oder Kupferrot; die Weibchen sind größer und bringen lebende Junge zur Welt. Vipern sind sehr scheu und flüchten vor dem Menschen.

besonders den barfuß gehenden Hütebuben gefährlich wurde, ist wie alle Schlangen sehr scheu und zieht sich bei Annäherung des Menschen sofort zurück. Sie beißt nur, wenn sie getreten oder in die Enge getrieben wird. Trotzdem empfiehlt es sich, zur Schlangenpirsch hohe Stiefel anzuziehen.

Vipera aspis kommt im Tessin in vielen Farbschlägen vor. Außer den schiefergrau gefärbten mit der schwarzen Würfelung gibt es auch einfarbig schwarze Vipern, dann solche mit gelblicher oder kupferroter Grundfarbe. Die Weibchen, die größer sind als die Männchen, bringen im Spätsommer lebende Junge zur Welt, die sich gleich nach der Geburt schon ihrer Giftzähne bedienen können.

Man braucht aber beim Thema „Schlangen im Tessin" nicht gleich das Gruseln zu bekommen; neben den Vipern leben hier noch einige harmlose und sehr schön gezeichnete Nattern, die des Ansehens wert sind. Außer der Ringelnatter *(Natrix natrix)*, die in ganz Europa heimisch ist und im Tessin manchmal in interessant gezeichneten Stücken vorkommt (ich sah eine völlig samtschwarze, bei der nur die beiden schwefelgelben Halbmonde hinter dem Kopf leuchteten), leben hier noch vier weitere Nattern. Die Glatt- oder Schlingnatter *(Coronella austriaca)* ist beweglicher als die Ringelnatter und kann sich, wenn man sie am Schwanz faßt, zu den Fingern hochheben. Die Männchen sind rotbraun, die Weibchen graubraun gefärbt; auf dem Kopf trägt die Schlingnatter einen dunklen Fleck in Hufeisenform, auch „Krönchen" genannt. Sie fängt Mauereidechsen, große Heuschrecken, auch Mäuse. Zu finden ist sie an Stellen, an denen auch die Aspisviper lebt.

Würfelnattern *(Natrix tesselata)* sind große Wasserfreunde und entfernen sich nie weit von See, Bach oder Tümpel. Man kann sie oft viertelstundenlang auf dem Grund eines Gewässers liegen sehen, ohne daß sie zum Luftholen auftauchen müssen. Sie lauern auf Frösche, Kaulquappen, Molche und kleine Fische.

Beißlustiger als jede andere Tessiner Schlange ist die Zornnatter *(Coluber viridiflavus)*, wohl die beweglichste und schnellste aller europäischen Schlangen, die auch den Menschen, der ihr zu nahe tritt, ohne weiteres angreift. Gelbgrün geschuppt ist ihre Haut, aber es kommen auch dunkle, oft schwarze Stücke vor. Der Bauch ist meist fahlgelb. Bis zu zwei Meter lang wird die Zornnatter und keine Eidechse, keine Maus ist ihr zu groß. Auch Vögeln stellt die gewandte Kletterin nach, wenn sie Nester kontrolliert.

Die bemerkenswerteste Tessiner Schlange ist aber die elegante Äskulapnatter *(Elaphe longissima)*, das alte Wappentier der Ärzte, das den Stab Äskulaps umschlingt. Man nimmt an, daß einst römische Legionäre dieses dem Kult gewidmete Tier in alle Welt getragen haben und viele inselartige Vorkommen in Europa auf frühere römische Siedlungen zurückgehen. Die Äskulapnatter ist eigentlich „die“ Schlange überhaupt, was ihre ganze Erscheinung angeht: bis zu zwei Meter kann sie lang werden, hat einen schmalen Kopf, einen langen, sich verjüngenden Schwanz, sie bewegt sich lässig und lautlos, ist eine höchst geschickte Kletterin, die jeden auch noch so kleinen Vorsprung in einer Mauer ausnützen kann. Das lebhaft braune Tier mit dem gelblichen Bauch gleitet durch das Blätterwerk, zeigt kurz den gelbgezeichneten Kopf mit den rotgerandeten Augen, hängt an dem kleinsten Zweig und windet sich in eleganter Manier ins Geäst. Man sieht sie genüßlich beim Sonnenbad zu einem Teller geringelt, oft auch als geübte Schwimmerin in einem Bach. *Elaphe* ist eine Sonnenanbeterin, hält sich also in der Nähe der großen Seen und geht nicht sehr hoch die Täler hinauf. Man kann sie um den Luganer See am Monte San Salvatore und am Monte Generoso treffen, aber auch am Lago Maggiore im unteren Maggiatal. Ihre Jagdbeute sind Mäuse.

Keine so ideale Heimat wie den Reptilien bietet der Kanton Tessin den Amphibien, den Fröschen, Kröten und Salamandern. Die kleinen Bäche in den Tälern des Sopraceneri sind zu kalt und schnellfließend, sie bieten Kaulquappen nur dürftige Nahrung, da Algen in diesen Bergwassern nur in einzelnen Gumpen vorkommen. Der einzige Schwanzlurch, der in den Bergen um den Lago Maggiore häufig zu sehen ist (hauptsächlich während der Absetzzeit), ist der Feuersalamander *(Salamandra salamandra)*, dessen Larven sich in den Bächen von Flohkrebsen ernähren. Sein Vetter im Hochgebirge, der fertige Junge zur Welt bringt, zeigt sich mohrenschwarz: Der Alpensalamander *(Salamandra atra)* wird nur 10 – 13 cm lang und ist von Gewässern ganz unabhängig. Nur zwei lebende Junge bringt das Weibchen zur Welt, die vorher im Mutterleib von den übrigen, zu einem Nahrungsbrei zerfallenen Eiern ernährt wurden. Das „Tattermandl“, wie der Alpensalamander im mitteleuropäischen Alpenraum auch genannt wird, fühlt sich besonders im feinen Gischt der Wasserfälle wohl und kommt nur nach Regenfällen aus seinem Versteck heraus. Bis zu einer Höhe von 3000 m geht der schwarze Schwanzlurch hinauf, vom Gotthard über die Cristallina bis zum Basodino.

Fast noch häufiger als der Feuersalamander bewohnt die bekannte Erdkröte *(Bufo bufo)* die Täler des Tessins. Über dieses bekannte Tier braucht nichts gesagt zu werden. Im südlichen Teil des Kantons, im Mendrisiotto, trifft man auch die interessante Knoblauchkröte *(Pelobates fuscus)*, die sich mit den sichelförmigen Hornschwielen an den Hinterfüßen rasch eingraben kann. Die Knoblauchkröte ist ein Mittelding zwischen Kröte und Frosch; es fehlt ihr das Trommelfell der Frösche, aber auch die mächtigen Ohrdrüsenwülste der Kröten. Ihren Namen hat sie von den nach Knoblauch duftenden Sekreten der Hautdrüsen. Imposant sind die Kaulquappen dieses Lurchs, die gewaltige Ausmaße erreichen: bis zu zehn Zentimetern!

Von den Molchen ist besonders in den Tümpeln der Berge der Alpenmolch *(Triturus alpestris)* häufig. Sein dunkelblauer Rücken, die Tüpfelreihe an den Flanken und der orangegelbe Bauch machen ihn zum farbenfreudigsten Vertreter seiner Familie. In den unteren Lagen der Täler, in kleinen Tümpeln, findet sich noch um den Luganersee vereinzelt der Kammolch *(Triturus cristatus)*, etwa im gleichen Biotop wie die Wechselkröte *(Bufo viridis)* im Hügelland des Mendrisiotto.

Ganz erstaunlich benimmt sich im Tessin der Grasfrosch *(Rana temporaria)*, der sowohl in allen Tälern häufig vorkommt, als auch ins Gebirge bis an die Schneegrenze hochsteigt. Er verbirgt sich im Dickicht der Alpenrosen oder zwischen dem Wollgras der Bergmoore. Bis zu einer Höhe von fast 3000 Metern hat man den Grasfrosch gefunden; am Lago Ritom, in kalten Bergseen des Passo di Naret und der Fuorcla di Cristallina schwammen seine Kaulquappen. Oft verhindert hier ein zu frühes Laichen das Schlüpfen der Jungfrösche.

Zwei weitere Braunfrösche, der italienische Springfrosch *(Rana latastei)* und der Griechische Frosch *(Rana graeca)* sind im Mendrisiotto die nördlichen Vorposten der Einwanderung aus dem Mittelmeer. Sie teilen sich den Lebensraum mit dem südwesteuropäischen Springfrosch *(Rana dalmatina)*, der ziemlich häufig ist.

In der Magadino-Ebene südlich Bellinzona ist der Laubfrosch *(Hyla arborea)* zu Hause, der jenseits des Monte Ceneri auch in einer südlichen Farbvarietät erscheint.

Daß in der Uferzone der beiden großen Seen auch der Wasserfrosch *(Rana esculenta)* sein abendliches Konzert erschallen läßt, braucht wohl nicht besonders erwähnt zu werden.

Um große Säugetiere zu sehen, wird man kaum ins Tessin fahren. Zwar leben auch hier Reh und Hase, Eichhörnchen und Murmeltier, Fuchs, Dachs und Wiesel, doch das ist ja die normale mitteleuropäische Tierbelegschaft aller Landstriche. Was die südliche Schweiz aber für Naturfreunde, die sich mit Säugetieren befassen, interessant macht, ist die große Zahl von Kleinsäugern, die in den Kastanien- und Eichenwäldern lebt.

Hier besteht wirklich Gelegenheit, wildlebende Schlafmäuse nicht wie bei uns nur beim Ausräumen von Vogelnistkästen zu entdecken, sondern sie in Aktion zu beobachten. Ich erinnere mich, wie wir vor Jahren mit unserem Campingbus unter einer riesigen Eiche im Maggiatal zum Übernachten standen und uns mitten im Schlaf überfallen wähnten, weil jemand Steine auf das Autodach warf. Die Dinger knallten richtig auf unser Kunststoffautodach, und ich rannte im Schlafanzug und mit der Taschenlampe hinaus, um nach dem Rechten zu sehen. Kein Halbstarker war weit und breit zu entdecken –

Bilder 11 und 12 (rechts oben und unten). Die großen Bestände der Eßkastanien und Eichen, dazu der Weinbau in den Tessiner Tälern machen das Gebiet zu einem Paradies für kleine Säugetiere. Unter den Schlafmäusen ist besonders der Siebenschläfer *(Glis glis)* weitverbreitet, aber auch der buntere Gartenschläfer *(Eliomys quercinus)* auf dem Foto rechts unten zeigt sich häufig.

aber schon wieder knallte ein Ding wie ein Paukenschlag. Ich leuchtete mit der Taschenlampe ins Geäst der Eiche hinauf und da sah ich die Halbstarken: Eine Kolonie Siebenschläfer war am Schmausen, pflückte Eicheln ab, knabberte ein bißchen daran und ließ die Früchte dann einfach herunterfallen. Die Siebenschläfer rannten die Äste entlang, piepsten und waren offenbar in Hochzeitsstimmung. Vom Licht der Taschenlampe ließen sie sich nicht stören. Es ist durchaus nicht alltäglich, Siebenschläfer *(Glis glis)* in Freiheit beobachten zu können; im Tessin ist dies bei abendlichen Spaziergängen oft möglich. Alle Tessiner Hauskatzen fechten des Nachts ihren Strauß gegen die wehrhaften, weil bissigen „Nacht-Eichhörnchen“, und man findet immer wieder einmal bei Spaziergängen ein Stück grauen, langhaarigen Schwanzes, den eine Schlafmaus auf der Kampfstätte lassen mußte. Früher wurden Siebenschläfer sogar auf dem Markt in Lugano gehandelt, zu 25 – 30 Cts. das Stück. Wie man weiß, haben die Burschen schon den alten Römern geschmeckt, die den Siebenschläfer in sogenannten „Glissarien“ mästeten.
Von der Familie der Schlafmäuse kommen auch der Gartenschläfer *(Eliomys*

quercinus) und die Haselmaus *(Muscardinus avellanarius)* im Tessin recht häufig vor. Besonders die Gartenschläfer nisten sich gern in den einsamen Heuhütten in den Tälern des Sopraceneri ein und halten dort auch ihren Winterschlaf. Sie sind bunter gefärbt als Siebenschläfer, haben größere Ohren, schwarze Augenstreifen und eine Quaste am Schwanz. Die Haselmaus, wohl einer der hübschesten Kleinsäuger überhaupt, ist rehbraun an Rücken und Kopf und hat einen etwas helleren Bauch. Vorsicht beim Anfassen des Schwanzes! Die Haut löst sich leicht ab. Im übrigen wollen wir ja nur beobachten und nicht fangen.

Alle Schlafmäuse im Tessin ernähren sich von Eicheln, Eßkastanien, natürlich auch von Weintrauben, Obst und Beeren. Daneben nehmen sie auch gern tierische Kost und stellen Heuschrecken und Nachtkerfen nach. Besonders Sieben- und Gartenschläfer sind gewaltige Nager: in einer Berghütte sah ich einen von ihnen glatt durchgenagten Fensterrahmen aus Hartholz. Sogar in die Eichentür hatten sie sich einen Durchschlupf geraspelt.

Wo es viele Insekten gibt, da leben auch Fledermäuse. Über ein Dutzend Arten dieser Flattertiere gibt es im Tessin und die Individuenzahl ist groß.

Bild 13. Wie alle älteren Tessiner Häuser, so sind auch die Almen ganz aus Granitsteinen und Platten gebaut. Gegen das Abrutschen von Erdreich müssen die Hänge mit Steinmauern geschützt werden.

Bilder 14 und 15. Zwei Partien aus der bekannten Teufelsschlucht im Maggiatal bei Ponte Brolla. Starke Verwerfungen bilden hier eine Barriere für die Fische aus dem Langensee.

Wenn am Abend am Luganer See oder um den Lago Maggiore die Laternen angehen, sieht man die schwarzen Nachtgaukler auf Insektenjagd. Kleine und Große Hufeisennase, Mausohr, Wasserfledermaus, Fransen-, Bart-, Zwerg- und Alpenfledermaus, Großer Abendsegler, Spätfliegende Fledermaus, Mopsfledermaus, Großohr sind einige der gaukelnden Nachtjäger im Tessin. Viele Höhlen und Klüfte in den Felsen der steilabfallenden Täler geben ihnen Unterkunft, Kinderstube und auch Winterschlafquartier.

Wie bei allen Tieren im Tessin, so hat man auch bei den Säugetieren Gelegenheit, sowohl südliche als auch alpine Formen im gleichen Gebiet zu beobachten. So ist es interessant, zwei kleine Säuger aus dem Gebirge nicht nur im alpinen Gelände anzutreffen, sondern beispielsweise wenige hundert Meter oberhalb des Seegeländes von Porlezza. Es handelt sich um die Schneemaus *(Microtus nivalis)* und die nur sieben Gramm schwere Alpenspitzmaus *(Sorex alpinus)*. Die Schneemaus lebt im Bereich der Alpenmatten in einer Höhe von 1700 bis 2700 m und sie steigt auch noch höher: so wurde sie in einer Schuttinsel am Finsteraarhorn auf 4000 m Höhenlage gesehen, auch am Mont Blanc traf man sie an den Grands Mulets 3457 m hoch. Die hellgraue Maus, deren

Fell weiß überstäubt ist, trägt ihren Schwanz beim Laufen frei und läßt sich auch am Tage, oft bei Sonnenschein, sehen. Ihre Nahrung sind die Wurzelstöcke der Alpenflora, die sie auch im Winter (sie hält nicht einmal einen Winterschlaf) erreichen kann. Am Luganer See aber kann man die Überraschung erleben, daß dieses hochalpine Tier am Ufer von Porlezza es sich in der üppigen Flora wohl sein läßt. Ähnliche Tiefwanderungen dieser Maus wurden nur noch aus Südfrankreich bekannt, wo man Schneemäuse in der Umgebung von Nimes in 180 m Höhe und bei Valence in nur 125 m Höhe gefunden hat.

Auch die Alpenspitzmaus steigt gelegentlich ins Tiefland und läßt sich am Rand der Bäche in den Tälern des Sopraceneri (Maggia und Verzasca) bis fast hinab zum Seeufer sehen.

Zum Schluß noch eine Spezialität aus der Familie der Maulwürfe, die im Tessin noch bis 2000 m hinauf ihre Gänge graben. Bei Lugano, aber auch im Misox und unteren Bergell lebt die vollständig blinde Art *Talpa caeca* (Blindmaulwurf), deren Heimat eigentlich Spanien, Südfrankreich, Italien und Jugoslawien ist. Im Vergleich zum einfarbigen Maulwurf ist dieser etwas kleiner und an Lippen, Schwanz und Füßen heller behaart. Seine Augen sind ganz von Haut überwachsen.

Insekten im Tessin! Wo soll man da anfangen, wo aufhören? Die Skala geht vom Gletscherfloh *(Isotoma saltans)*, der die Firnfelder des Basodino und des Campo Tempia bewohnt, dunkle Flecken auf dem Eis bildet und sich von den Pollenkörnern ernährt, die der Wind von den Nadelhölzern heraufweht – bis zum extremen Vertreter des Tessiner Südens, dem Wiener Nachtpfauenauge *(Saturnia pyri)*, das seine großen, dichtverfilzten, braunen Kokons in die Gemäuer bei Castagnola und am Weg auf die Madonna del Sasso spinnt.

Dazwischen liegt die ganze Vielfalt von Heuschrecken, Schmetterlingen und Käfern, die dieser Landstrich zu bieten hat. Wenn wir von den Bergen Richtung Seeufer absteigen, finden wir auf den Alpwiesen zwischen Hummeln, Bienen, Fliegen und auffallend grellroten Milben auch Erdspinnen und Weberknechte. Zwischen ihnen flattert der Symbolfalter für die alpine Region, der weiße, mit roten Flügelaugen verzierte Apollo *(Parnassius apollo)*, der sich mit einem dichten Haarpelz gegen nächtliche Kälte schützt. Im Bedrettotal, an der Maggia, im Misox gibt es größere Kolonien dieses prächtigen Bergfalters, der manche Variationen und Unterformen ausbildet. Besonders in der

Bild 16 (rechts). In der Gebirgslandschaft oberhalb Fusio trafen wir dieses bemerkenswerte Maultier, das darauf dressiert war, von der Alm abzusteigen, sich Wasser und Nahrungsmittel in die Behältnisse einfüllen zu lassen und dann auf dem gewohnten Weg wieder zurückzukehren.

Umgebung von Fusio im oberen Maggiatal findet man viele Schmetterlinge: kupferleuchtende Dukatenfalter *(Heodes virgaureae)*, blauschimmernde *Lycaenen* (Bläulinge) und seltene Mohrenfalter, darunter die unter Schmetterlingssammlern begehrte *Erebia flavofasciata*. Weiter unten in den Tälern fliegen in großen Mengen Zitronenfalter, kleine Füchse und Kaisermäntel. Am Wasserfall bei Foroglio, zur Zeit, wenn die Brombeeren aufblühen, schweben ganze Wolken besonders großer Kaisermäntel und lassen sich ohne jede Scheu aus nächster Nähe fotografieren.

Im unteren Maggiatal, im Buschwerk bei Mendrisio, in der Magadinoebene, lebt zwischen sonnenwarmen Steinen und trockener Grasflora an den Bachbetten das Volk der Heuschrecken. Mit seinem scharfen, metallisch klingenden Zweischlag läßt sich das Männchen der Steppensattelschrecke *(Ephippiger vitium)* hören. Den Namen hat dieses Tier durch sein hinten sattelartig aufgebogenes Halsschild erhalten. Sattelschrecken springen nur kurze Strecken und lassen sich leicht mit der Hand fangen, wobei sie zuweilen in Abwehr aus den Gelenkhäuten des Brustabschnittes Blut austreten lassen. Aus der Familie der Feldheuschrecken kommt eine (gottlob nicht wandernde) Wanderheuschrecke *(Acridium italicum)* vor, auf den obersten Alpwiesen des Bedrettotals große Mengen sibirischer Heuschrecken, von denen *Stenobothrus sibiricus* bis zur Schneeregion aufsteigt.

Um Ihnen aber den Star aus der Schreckenfamilie vorzuführen, bitte ich Sie, mir ins untere Maggiatal zu folgen, wo wir wenige hundert Meter nach der Station Ponte Brolla (wo das Centovalli einmündet) maggiaaufwärts eine schmale Hängebrücke über den Fluß finden, die uns ans gegenüberliegende Ufer bringt. Im Ginstergebüsch, das dort die Uferzone überzieht, werden wir auf die Pirsch gehen und mit den Schuhen unten an die Ginsterbüsche klopfen, bis auf dem Busch plötzlich eine große, hellgrüne Schrecke aufsteigt, die ihre Vorderbeine angewinkelt vor sich trägt und uns mit gespreizten Flügeln zu imponieren sucht. Wir haben die berühmte Gottesanbeterin *(Mantis religiosa)* vor uns, eine spektakuläre Fangschrecke, deren Machenschaften schon in zahllosen Büchern beschrieben worden sind.

Natürlich kann die Gottesanbeterin nichts dafür, daß ihre Lauerstellung für den Beutefang so sehr einer menschlichen Gebärde gleicht, den erhobenen Händen zum Gebet nämlich. Diese Betgeste hat unsere Fangschrecke berühmt gemacht, weil man natürlich darüber eine Menge Verwerfliches schreiben kann, besonders zu Zeiten, da man das Verhalten jeden Tieres an menschlichen Vorstellungen gemessen hat. Nun also: die Gottesanbeterin hockt auf ihrem Zweig, hat die mit spitzen Fangdolchen versehenen Vorderbeine erhoben und äugt mit ihrem kleinen Kopf, der so sehr an eine Stecknadel erinnert, aufmerksam umher. Kommt eine kleinere Heuschrecke, eine Fliege oder Spinne

Bilder 17, 18 und 19 (rechts von oben nach unten). Der Apollofalter ist der charakteristische Schmetterling für die subalpine Region. *Parnassius apollo* zeigt rote Augen auf den weißen Flügeln und trägt gegen die Kälte einen Haarpelz auf dem Körper. Die Gottesanbeterin *(Mantis religiosa)* ist im Tessin nicht selten. Mit ihrer typischen Fanggeste lauert sie auf Insekten. In den Eichenbeständen ist auch der Hirschkäfer *(Lucanus cervus)* regelmäßig anzutreffen. Nur das Männchen trägt das dekorative Geweih.

in Greifnähe, so klappt sie blitzschnell den bestachelten Oberarm vor und klemmt die Beute zwischen ihm und der sägeartigen Schiene ein. Sofort beginnt die Mahlzeit: Flügel, Beine, Panzerreste des Opfers fallen zu Boden und die Weichteile werden verzehrt. Gleich anschließend werden die Fangapparate säuberlich abgeknuspert, gereinigt und wieder in Position gebracht.

Aber nicht nur solches vollbringt die „betende“ *Mantis*, sondern sie sieht ihren um einige Zentimeter kleineren und überhaupt schmächtigeren Gatten nicht nur als Vater kommender Kinder, sondern mindestens ebenso als willkommenes Hochzeitsmahl an. Der kleine Gottesanbeter hat überhaupt nur dann eine Überlebenschance, wenn es ihm gelingt, seiner Braut von hinten auf den Rücken zu springen und sich dort so festzuklammern, daß sie nicht ihre Flügel ausbreiten und ihn abschütteln kann. Und dann muß er sich beeilen: denn schon während der Vereinigung bekommt die Dame ganz prosaischen Hunger und versucht, den Bräutigam wenigstens teilweise jetzt schon zu verzehren. Man hat Männchen gesehen, denen schon Kopf und Vorderbrust abgefressen waren und die trotzdem noch ihre Pflicht als kommender Vater zu Ende führten; dies ist deshalb möglich, weil bei Insekten die Aktivitäten nicht vom Gehirn gelenkt werden. Fest steht jedenfalls, daß es nur wenigen Männchen gelingen dürfte, sich nach gehabter Hochzeit noch einiger Lebensmonate zu erfreuen. Sie gehen den Weg in den Bauch ihrer Gemahlin, die von nun an immer stattlicher wird und sich etwa im September daranmacht, ihr Eierpaket an einem Stein oder an einem Blatt abzulegen. Die in Reihen angeordneten Eier werden von einem sich erhärtenden Schaum umgeben und sind so bis zum Ausschlüpfen im nächsten Frühjahr geschützt. Vater und Mutter gehen in den ersten Herbstfrösten zugrunde.

Aber noch zwei Stars aus der Insektenwelt hat das Tessin zu bieten. In den Eichenbeständen der unteren Täler kommt der Hirschkäfer *(Lucanus cervus)* gar nicht selten vor, und man kann das Männchen mit seinem respektablen Geweih nebst dem Weibchen ohne Trophäe im Sommer oft beobachten. Wir saßen einmal am hellichten Nachmittag in Maggia (wo es beim Altersheim

Bild 20. Immer wieder bewundert man in den Tessiner Tälern das schäumende Wasser der Bergbäche, wie es über die bizarr geformten und oft farbigen Steine springt.

Bild 21. Dieser Angler am Rovana-Bach mag für alle Petrijünger stehen, die im Tessin Jagd machen auf die einheimische Forelle, die sich in Größe und Zeichnung von der gewöhnlichen Bachforelle unterscheidet. Die Tessiner Salmoniden tragen an den Seiten grauschwarze Flecken und sind recht klein, doch außerordentlich wohlschmeckend.

einen Eichenbestand gibt) beim Kaffee, als neben der Kaffeetasse ein Hirschkäfer landete, auf den Rücken fiel und mit den Beinen strampelte; ich glaube, daß einem solches in Essen, Düsseldorf oder Stuttgart kaum jemals passiert.

Ein Geheimtip: Nicht nur der große Bockkäfer *(Cerambyx heros)* ist ein Tessiner Bürger, sondern auch der abenteuerliche Nashornkäfer *(Oryctes nasicornis)*, der seine Brut in unterirdischen Stollen mit Nahrung versorgt, kommt in der Umgebung von Locarno vor. Sie sind sicher damit einverstanden, daß ich den Fundort nur allgemein angebe; es bestände sonst die Gefahr, daß der schöne Käfer von Spezialisten weggesammelt wird.

Wenn Sie übrigens an schönen Sommerabenden auf der Hochstraße oberhalb Ronco (bei Ascona) lustwandeln, sollten Sie eine Taschenlampe mitnehmen. Es ist nicht ausgeschlossen, daß Sie eine Bekanntschaft mit einem merkwürdigen Tier machen, das halb Spinne, halb Assel ist: der Spinnenassel *(Scutigera coleoptrata)*. Von der Assel hat dieses zwei bis drei Zentimeter große Tier den in acht Ringe geteilten Körper, von der Spinne die langen dünnen Beine, gleich 15 Paare auf einmal. Ich habe es noch nicht gesehen, aber man sagt, daß *Scutigera* ihre Gliedmaßen als Peitschen verwendet, mit denen sie Fliegen fängt. Hat sie eine erbeutet, so stellt sie ihre 30 Beine wie Gitterstäbe auf den Boden und hält die Beute gefangen. Wie ein Tausendfüßler gleitet die Spinnenassel rasch dahin und verirrt sich auch in manchen Tessiner Keller, wo sie Beute vermutet.

Noch ein Horrortier als Finale zum Insektenkapitel: der Skorpion *(Euscorpius italicus)* lebt überall im Tessin an den südwärts liegenden Hängen der Täler und Seeufer. Besonders am Fels von Gandria (Luganer See), an den Flanken des Monte Generoso bei Melide und am Monte Brè, aber auch in den Tälern des Sopraceneri sind die so gefährlich aussehenden, etwa vier Zentimeter langen Burschen gar nicht selten. Mein erster Skorpion ist mir ausgerechnet in einem „Grotto", einer der typischen Tessiner Weinwirtschaften, begegnet: Er marschierte ganz freundlich aus dem ungeheizten Kamin der Gaststätte heraus und suchte das Freie zu gewinnen. Man hörte nur noch die spitzen Schreie der Touristinnen, die auf die Stühle sprangen. Auf einer Kehrschaufel konnte ich ihn ohne Schwierigkeit zum Ausgang transportieren, während der Wirt schon den Besen als Mordinstrument zur Hand genommen hatte.

Glauben Sie es: Skorpione sind nicht gefährlich, wenn man sie nicht tritt, sich auf sie setzt oder sonstwie reizt. Natürlich sollte man auch keinen Stiefel anziehen, in dem ein Skorpion scheinbar sicheren Unterschlupf genommen hat. Von sich aus greift kein Skorpion an: ihm sind Spinnen und Asseln viel interessanter als Menschenbeine und er holt sich seine Beute, wenn irgend möglich, mit den Scheren. Nur wenn das Opfer strampelt oder zu groß ist, tritt der Giftstachel im Körperende in Tätigkeit.

Für den Menschenbetrachter rührend ist übrigens die Kinderpflege dieses wehrhaften Tiers: die Jungen werden nach dem Schlüpfen auf dem Rücken der Mutter so lange mitgetragen, bis sie selbständig geworden sind.

Das Tessin ist nicht Italien, was in bezug auf die heimische Vogelwelt soviel heißen soll, daß im Bereich der gesamten Schweiz der Vogelfang verboten ist. Verschwunden sind die „Roccoli", die weitgespannten Netze der Vogelfänger, die in früheren Jahrzehnten den Vogelzug zehnteten und die Märkte von Lugano und Locarno mit Körben toter Singvögel belieferten. Verschwunden ist auch auf der Tessiner Speisekarte die „Polenta con ucelli", der Maisbrei mit gebratenen Singvögeln; in den Ristorantes und Grottos von heute zieht man – wie überall auf der Welt – gegrillte Hähnchen vor.

Trotzdem ist das Tessin für Ornithologen eigentlich keine Reise wert. Das liegt nicht daran, daß es im Schweizer Südkanton keine Vögel gäbe, aber die Vogelwelt ist von der mitteleuropäischen so wenig verschieden, daß es sich – von einigen seltenen Winterdurchzüglern abgesehen – kaum lohnt, auf Vogel-

pirsch zu gehen. In der alpinen Region finden sich Buntspecht, Schwarzspecht, Tannenhäher, Kreuzschnabel, Goldhähnchen, Zeisige, Bergfinken, Bachstelzen, Wasseramsel, auch der bunte Mauerläufer. Häufigster Vogel der Alpwiesen ist der Wasserpieper. Bis zum höchsten Alpengürtel erheben sich Steinschmätzer und Braunelle. Selten sind Wildhühner wie Birkhahn oder Schneehuhn, Auerhahn, Hasel- oder das farbenfrohe Steinhuhn.
Wie überall in Europas Bergen sieht man auch hier die Schwärme der Alpendohlen kreisen, und dank des intensiven Schweizer Schutzes ist auch der Steinadler wieder regelmäßiger Brutvogel. Am Fuße des Basodinogletschers (zu dem man bequem mit der Seilbahn hinauffahren kann) zog ein Steinadlerpaar seine Kreise nur etwa 20 m über mir.
An den beiden großen Seen sind die Lachmöwe und der Schwarze Milan Charaktervögel, während man Enten, Taucher und anderes Wassergeflügel außer den überall vorhandenen zahmen Höckerschwänen kaum sieht.
Uhus und Lämmergeier, die im vorigen Jahrhundert jeden Winter geschossen und in Eisen gefangen wurden, sind ausgestorben. An Eulen leben hier Wald- und Steinkäuze und im Sottoceneri ganz vereinzelt die Zwergohreule (aber auch dieser ist früher sehr nachgestellt worden). In manchem Campanile brütet auch die Schleiereule.
Wie gesagt: wenn auch in manchen Gärten abends die Nachtigall schlägt, ist die Vogelwelt des Tessins keine Spezialistenreise wert.
Zum Schluß runden wir das Bild von der Tessiner Tierwelt noch mit einem kleinen Kapitel Küchenzoologie ab. Es fehlen uns ja noch die Fische, die in den beiden großen Tessiner Seen und ihren Zuflüssen leben und die an der heimischen Gastronomie keinen geringen Anteil haben. Um den Hauptspeisefisch des Luganer und des Langensees kennenzulernen, brauchen wir nur die Speisekarten der einschlägigen Restaurants zu studieren. Wir finden sicherlich Barsch-Filets (in der Nordschweiz „Egli-Filets" genannt) angeboten, die schon im Jahr 1603 der Mönch Paulus Morigia als vortreffliche Fastenspeise gerühmt hat und die seither nichts von ihrer Beliebtheit eingebüßt haben. Auf dem Luganeser Fischmarkt sitzen regelmäßig die Fischerfrauen, schaben die spitzen Schuppen von den rotflossigen Barschen und teilen die Fische sehr geschickt in grätenlose Filets, wobei sie nicht vergessen, ihre Ware laut anzupreisen. Außer dem Barsch sind in den großen Seen noch der Hecht, die Trüsche, der Karpfen, die Schleie, der Saibling und der Felchen verbreitet, in den kleineren Seen und in der Tresa fängt man den Aal.
Zweiter Hauptfisch der Tessiner Küchenzoologie ist die Forelle, aber hier muß man, so man Feinschmecker ist, aufpassen. Wie überall, so schwimmen auch in den Aquarien vor den Tessiner Restaurants jene auf Portion gezüchteten Regenbogenforellen, die mit der heimischen Salmonidenfauna nichts zu

tun haben. Nicht einmal die am Bauch schön rotgepunktete Bachforelle, nach der dem Feinschmecker in seiner mitteleuropäischen Heimat der Sinn steht, weil sie im Fleisch zarter und feiner ist, darf Alt-Tessiner-Bürgerrecht beanspruchen. Die Bäche in den Tessiner Tälern sind immer wieder mit eingeführtem Forellenbesatz versehen worden, der zu einer Faunenverfälschung geführt hat.

Um das Problem der Tessiner Forellenverbreitung zu verstehen, darf ich Sie nach Ponte Brolla (maggiaaufwärts von Locarno aus) führen, wo es außer einem bemerkenswerten Speiselokal (leider auch meist nur mit Regenbogenforellen versehen) eine Felsenenge gibt, die man (nach Läuten einer Glocke) besichtigen kann. Die Felsverstürze in dieser Talenge sind die gewaltigsten und romantischsten des ganzen Tessins, ein Eldorado für Naturfotografen. Solche Engpässe sind es aber, die den Seeforellen den Aufstieg in die Bergbäche verwehren und so einen Nachschub aus den großen Seen verhindern. Die dürftige Nahrung, die den oberhalb dieser Schwellen lebenden einheimischen Bachforellen zur Verfügung steht, ist aber in den kalten Gewässern so gering, daß fast nur Kümmerformen entstehen. So kommt es, daß die echte Tessiner Bachforelle, die ihr Gewässer mit genügsamen Groppen und Elritzen teilt, kaum über die Länge eines Herings anwächst und man in den Gaststätten, die solche Fische von den Anglern beziehen, statt einer gleich drei, wenn auch Mini-Forellen bekommt.

Wenn Sie etwa auf der Terrasse des Hotels „Post“ in Bignasco, an der Einmündung des Bavona- in das Maggiatal, sitzen und die Signorina Ihre drei Forellchen bringt, dann sehen Sie genau hin: Keine roten Punkte auf den Flanken, keine Streifen in den Farben des Regenbogens, sondern auf dem Rücken und an den Seiten schlichte grauschwarze Flecken – das ist die eingeborene Maggia-Forelle, die an Wohlgeschmack so leicht kein anderer Salmonide übertrifft.

Berg der Saurier und der Alpenveilchen

War die Nordgrenze des Kantons Tessin, der Gotthard, ein Dorado für Mineraliensammler, so erwartet den Freund von seltenen Fossilien an der Kantons-Südgrenze eine nahezu einmalige Sensation. Nur wenige Naturfreunde, ja fast nur Eingeweihte, wissen, daß der Süden des Luganer Sees eine der berühmtesten Fundstellen der Welt birgt, was Saurier aus der Triaszeit betrifft.

Der Monte Ceneri trennt, wie wir schon wissen, den Lago Maggiore vom Luganer See; die südliche Region unterscheidet sich im geologischen Aufbau deutlich von der voralpinen Landschaft um den Langensee. Der Ceresio, wie

Bild 22. Dies ist der Monte San Giorgio, der Berg der Saurier und Alpenveilchen, vom Monte Generoso aus gesehen. Der San Giorgio teilt den südlichen Luganer See in zwei Hälften.

der Luganer See auch heißt, ist eingefaßt von steilen Bergrücken, vom San Salvatore, Monte Generoso, im Süden vom San Giorgio; wir befinden uns hier auf dem südalpinen Sedimentalmantel, von dem das Sottoceneri allerdings nur einen kleinen Ausschnitt von etwa 25 Kilometern nordsüdlicher Länge zeigt, wenn auch ein Gebiet, das seinesgleichen sucht. Über dem Grundgebirge, über dem Karbon und den vulkanischen Ergußgesteinen des Perms finden sich erdgeschichtliche Urkunden, die eine Zeitspanne von mehr als 200 Millionen Jahren umfassen. Es sind vor allem Schichtgesteine des Erdmittelalters; der größte Teil der Kalke und Dolomite am Luganer See besteht aus Ablagerungen jenes, einst die halbe Welt umspannenden Meeres, das man nach der griechischen Göttin Tethys nennt (der Gemahlin des Okeanos).
Fahren Sie einmal mit dem lustigen Zahnradbähnchen auf den Monte Generoso und verschaffen sich von der Aussichtsplatte einen Überblick über jenen

Bergrücken, der den südlichen Luganer See in zwei Hälften teilt: den Monte San Giorgio. Er ist 1097 m hoch und zeigt, vom Generoso aus gesehen, deutlich seine Schichtung. Sein Sockel besteht aus vulkanischem Gestein, das im letzten Abschnitt des Erdmittelalters dem Erdinnern entquoll. Darüber liegen Meeresablagerungen aus der Trias, dem ältesten Abschnitt des Erdmittelalters. Ursprünglich lagen diese Schichten horizontal, wurden aber später, bei der Bildung der Alpen, gehoben und schief gestellt, so daß sie heute nach Süden hin abfallen.

Das Weltmeer, die Tethys, zog sich im Verlauf der Trias zurück, flutete dann wieder vor, bildete Riffe, Lagunen, kleine Becken und hinterließ verschiedenartige Ablagerungen. Über strandnahen Schichten mit Geröllen (Untere Trias) finden sich Riffgesteine, dann folgen Dolomite, darüber Kalke (Mittlere Trias), die von bunten Mergeln mit Gips und zuletzt von massigen Dolomiten (Obere Trias) abgelöst werden. Diese Schichtfolge der Trias setzte vor rund 225 Millionen Jahren ein und umfaßte eine Zeitspanne von etwa 35 Millionen Jahren. Die meisten Schichten sind nahezu fossilleer, deshalb ist der Reichtum an Versteinerungen in den oberen Lagen der tiefsten Dolomite, wo bituminöse Tonschiefer mit Dolomitbänken wechseln, um so überraschender. Diese Grenzbitumenzone läßt sich bis in die Gegend von Besano in Italien verfolgen.

Besano ist ein altbekannter Fundort für fossile Fische und Saurier. Italienische Gelehrte haben dort schon 1863 und 1878 systematisch gegraben, fanden aber damals keinen sehr großen Widerhall. Erst als zu Beginn unseres Jahrhunderts eine italienisch-schweizerische Gesellschaft damit begann, die bituminösen Schiefer bei Besano und am Monte San Giorgio bergmännisch abzubauen, um daraus das Produkt Ichthyol zu gewinnen, wurde man wieder auf die Fossilfunde aufmerksam. Als erster erkannte Bernhard Peyer, Professor für Paläontologie an der Universität Zürich, im Jahr 1924, daß man durch flächenhafte Grabungen wertvollste Funde für die Wissenschaft bergen konnte. Seither werden fast Jahr für Jahr Grabungen von Zürich aus durchgeführt, die heute unter der Leitung von Professor Emil Kuhn-Schnyder stehen, dem wir auch die fachlichen Angaben über dieses Fundgebiet verdanken.

Unter den Reptilien des Monte San Giorgio wurde bisher nur ein einziger ausgesprochener Landsaurier gefunden. Es ist *Ticinosuchus*, ein gefährliches Raubtier, das ebenso gut wie ein Säugetier gehen konnte. Der etwa 2,5 m lange Saurier gehört zu den Vorläufern der gewaltigen Dinosaurier der Jura- und Kreidezeit. Seine nächsten Verwandten wurden in Ostafrika (Tanganjika) und Südamerika (Brasilien) ausgegraben. Sehr viel häufiger finden sich am Giorgio die Skelette von Fischsauriern (Ichthyosauriern). Wie heute die Delphine unter den Säugetieren, hatten die Ichthyosaurier sich völlig ans Meeresleben angepaßt. Der Kopf mit der langen, zahnbewehrten Schnauze scheint

Bild 23 (rechts). Die wichtigsten Vertreter der Saurier aus der Trias des Monte San Giorgio am Luganer See.

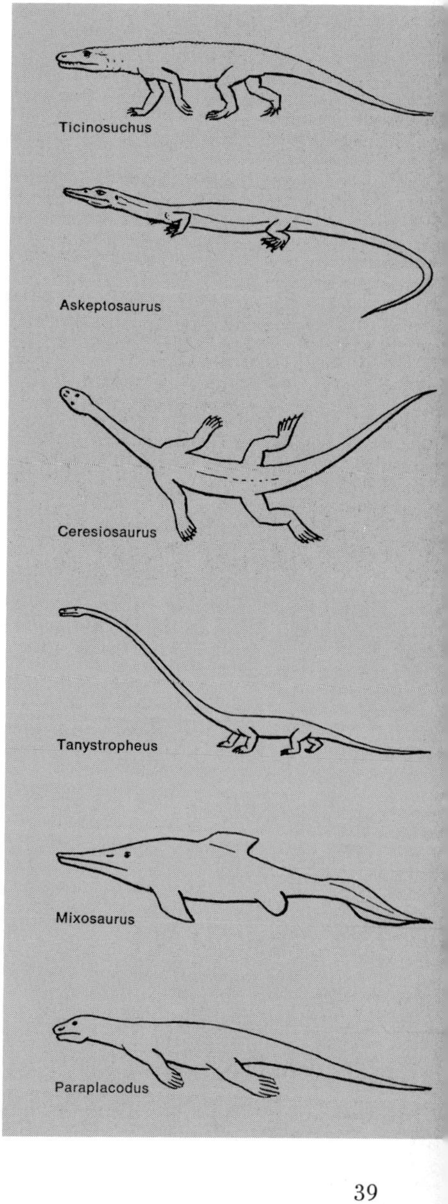

wie bei den Fischen direkt in den Rumpf überzugehen: Stromlinienform. Die Gliedmaßen waren zu Flossen umgewandelt und dienten als Steuerorgane, während Rumpf und Schwanz den Antrieb besorgten. Reste von Tintenfischen, die man im Innern dieser Saurier gefunden hat, weisen auf das Hauptbeutetier hin.

Schnecken, Muscheln, Ammoniten und Krebse waren dagegen die Nahrung der Placodontier, die statt Zähnen große, flache Zahnplatten besaßen, mit denen sie die harten Schalen dieser Tiere knacken konnten. Auch das langschwänzige Skelett der Placodontier zeigt Anpassungen an das Wasserleben.

Der schönste Fund vom Monte San Giorgio ist aber ein Exemplar von *Ceresiosaurus* (Ceresio = Luganer See), das etwa 2,5 m lang ist. Auffällig ist der lange Hals mit 25 Wirbeln sowie die sehr kräftigen Vorder- und Hintergliedmaßen, die als Ruder dienten. Auf der Steinplatte, die diesen riesigen Saurier birgt, fanden sich neben dem *Ceresiosaurus* einige kleinere Pachypleurosaurier, die damals im Gebiet von San Giorgio in großen Mengen vorkamen und vom großen Verwandten gejagt wurden. Der größte Sauropterygier, der bisher in der Grenzbitumenzone gefunden wurde, ist übrigens vier Meter lang und erhielt den Namen *Paranothosaurus*.

Ein anderer, gewandter Schwimmer war der bis 2 m lange *Askeptosaurus*,

Bild 24 (oben). Dies ist der Schauplatz der Grabung bei Cascina am Monte San Giorgio. Präparator F. Buchser prüft die Schichtung für spätere flächige Freilegung.
Bild 25 (rechts). Diese hervorragend präparierten Pachypleurosaurier, die im Museum von Meride ausgestellt sind, waren einst Futtertiere für die großen Ceresiosaurier.

der mit den heute lebenden Eidechsen verwandt ist. Als echter Vertreter früherer Eidechsen zeigt sich ferner die Giraffenhalsechse *(Tanystropheus)*, deren unglaublich langer Hals wie bei den Giraffen nicht durch mehr Wirbel, sondern durch die Streckung einzelner Wirbel zustande kommt. Die größten Exemplare aus der Trias des San Giorgio waren sechs Meter lang, wovon der Hals die Hälfte ausmacht.

Wenn fossilbegeisterte Naturfreunde die Ausgrabungsstätten unterhalb des Gipfels des San Giorgio besuchen wollen, müssen sie sich natürlich klar darüber sein, daß man als Amateur nicht bei den Grabungsarbeiten der Züricher Universität mitmischen kann. Trotzdem lohnt sich ein Besuch sehr, denn die Fachleute dort oben sind durchaus keine Unmenschen und erteilen einem interessierten Besucher auf Fragen gern Auskunft und zeigen, wenn etwas Sachkunde festgestellt wird, auch wohl einige neue Funde vor. Zuständig bei den Grabungen ist der Präparator F. Buchser, ein freundlicher Mann; er ist der Fachkünstler, der jenen *Ceresiosaurus* so fabelhaft präpariert hat, von

dem ein Abguß in dem neueröffneten kleinen Museum im Ort Meride von jedermann besichtigt werden kann.

Um an den Schauplatz der Ausgrabungen zu kommen, fahren Sie von Lugano aus nach Melide, dort über den Damm, dann am Ostufer des Sees in südlicher Richtung bis Mendrisio. Von dort geht es auf kleinen Landstraßen über Arzo (wir sprechen über diesen Ort noch später) nach Meride. Dort wäre wohl am ersten das neue Museum zu besichtigen, das in einem wunderschönen alten Haus mit Innenhof untergebracht ist und jedem Besucher einen ersten Überblick über die Funde gibt. Es sind sowohl Abgüsse als auch Originale fossiler Saurier dort ausgestellt.

Fragen Sie im Ort nach dem Weg zu der Grabungsstelle, so werden Sie stets in Richtung der Kirche oben am Hang gewiesen. Sie ist der Ausgangspunkt für die kleine Exkursion, die nun auf Sie wartet und die Ihnen sicher in Erinnerung bleiben wird. Sie werden nämlich auf einem – der Deutschschweizer Professor Kuhn-Schnyder sagte „gepfläschterten" – Weg, der ungemein steil bergan führt und aus einer Lage steilbuckliger Kieselsteine besteht, wandern und gleich sehen, daß die Kirche diesen Pfad als Einkehr und Prüfung ihrer Schäflein verwendet: es handelt sich beim ersten Drittel des Anstiegs um einen Prozessionsweg mit Stationen und Kapellen. Selbst als berggewohnter Naturfreund werden Sie des öfteren innehalten und in die Runde sehen, um zu verschnaufen: und da bestätigt Ihnen die ansässige Flora, daß Sie sich auf Kalkgestein befinden. Der ganze Steilhang des San Giorgio ist nämlich übersät mit Alpenveilchen *(Cyclamen europaeum)*, die dort im Schatten der Eichen und Buchen im Frühsommer ihre Blüten entfalten. Selten sieht man diese Pflanzen in solchen Mengen; trotzdem muß daran erinnert werden: das Alpenveilchen steht unter Naturschutz. Weiter oben am Berg öffnet sich die Bewaldung etwas und macht Bergwiesen Platz: hier blüht die wilde Gladiole *(Gladiolus imbricatus)* und nicht weit vom Weg stehen die großen, dunklen Blütenschäfte des Schwarzen Germers *(Veratrum nigrum)*, alles Pflanzen, die den Hobbybotaniker zum Fotografieren veranlassen.

Auf knapp tausend Meter Höhe treffen wir dann auf eine Kapelle mit angebautem, kleinem Aufenthaltsraum; auf der Spezialkarte ist sie unter dem Namen „Cascina" zu finden. Dies ist der Punkt, da die Grabungen stattfinden, etwa einhundert Meter rechts im Wald. Manchmal hört man das Donnern einer Sprengung und man tut gut daran, sich dann vor umherfliegenden Steinbrocken in acht zu nehmen. In den Pausen kann man aber getrost zum Arbeitsplatz der Züricher Universität hinübergehen und sich bei Herrn Präparator Buchser mit der Bitte um einige Informationen melden. Natürlich muß man dafür Verständnis aufbringen, daß dort gearbeitet werden muß und man die Leute nicht lange aufhalten soll. Doch wird wohl kein Interessierter

Bild 26 (rechts oben). Im Marmorsteinbruch von Arzo am Monte San Giorgio. Hier dürfen Fossilsammler sich betätigen. Hauptsächlich der rote Marmor ist fündig.
Bild 27 (rechts unten). Aus dem roten Marmor des Arzo-Steinbruchs kann man in großen Mengen verschiedene Arten von Brachiopoden (Armfüßer) bergen.

ohne Grund abgewiesen. Man kann dort das Prinzip einer Flächengrabung erleben, bei der jedes Fossil, und sei es noch so klein und unscheinbar, festgehalten und kartiert wird. Man erhält so den gesamten Inhalt eines bestimmten Fossilhorizontes und ist bei den Grabungen keineswegs nur auf der Jagd nach spektakulären Groß-Sauriern. Im Sommer 1962 wurden beispielsweise rund 500 Tonnen Gestein gehoben, durchsucht und alle interessanten Fossilien mitgenommen. Allerdings sind Versteinerungen in bituminösen Tonschiefern oft so angewittert, daß sie einen Transport nach Zürich nicht überstehen würden; sie müssen deshalb an Ort und Stelle eingegipst werden, andere sind überhaupt nur mit Hilfe der Lackfilmmethode, die das Fossil von der Unterlage abzieht, zu retten.
Der Monte San Giorgio bietet dem Fossilienfreund aber nicht nur Objekte zum Staunen und bloßem Anschauen. Es gibt eine Stelle, wo er sich selber als Ausgräber betätigen und einige Erinnerungsstücke für die eigene Sammlung bergen kann. Auf dem Rückweg von Meride kommt man durch Arzo und entdeckt an der Straße einige große Steinbrüche, in denen Marmor gebrochen und geschnitten wird. Der Arzo-Marmor ist sehr bunt: rot, gelb, blau, grün, in

interessanten Mustern und Äderungen; man kann sich einige Abfallstücke mitnehmen. Wer gern polierte Exemplare hätte, die Farben und Muster in vollendeter Schönheit zeigen, wendet sich am besten an einen der Arbeiter, die für einige Schweizer Franken solche Abschnitte abgeben.
Das Interessante an Arzo sind aber jene großen, inzwischen aufgegebenen Steinbrüche, einige hundert Meter waldaufwärts, die dem Besucher für eigene Betätigung offenstehen. Man findet dort – besonders im roten Marmor – Stücke mit vielen eingeschlossenen und sehr gut erhaltenen Brachiopoden der verschiedensten Arten, die man mit wenigen Hammerschlägen freilegen kann. Niemand stört Sie dort und niemand hat etwas dagegen, wenn Sie dort einige Stunden klopfen wollen. Nur Mauer- und Smaragdeidechsen huschen empört über die Störung davon.
Noch ein Tip: behalten Sie nur die schönsten Stücke. Denken Sie daran, daß Sie in den Tessiner Tälern noch manchen, interessanten Stein finden werden, der den Heimweg mit antreten wird. Und Ihre Autoachse hat ihre Belastungsgrenze. Wenn Sie auf der Rückreise am Gotthard oder am San Bernardino Autos begegnen, deren Hinterräder x-beinig abstehen, so haben Sie sehr wahrscheinlich einen passionierten Mineraliensammler vor sich, vielleicht sogar einen, der in Arzo war.

Bild 28. Schon am Fuß des Monte Generoso am Luganer See trifft man diese Tabakfelder, die weiter südlich, im Mendrisiotto, recht häufig sind.

Freude am Botanisieren

Es ist sehr verschieden, wie Naturfreunde im Urlaub eine neue Pflanzenwelt erleben und jede Methode ist natürlich legitim. Ausgepichte, systematische Botaniker werden – wohlversehen mit der einschlägigen Literatur – die Ökologie der einzelnen Pflanzengesellschaften genau studieren und – gerade im Tessin – großen Gewinn davon haben. Andere, botanisch besonders interessierte Leute, suchen Spezialitäten, so wie es die Ornithologen machen, die jeden Vogel in ihrem Urlaubsgebiet froh in einem Bestimmungsbuch abhaken. Die meisten – das sind wohl die schlichteren – Naturfreunde werden einfach mit ihrem Auto Ausflüge machen, da und dort aussteigen, umherschlendern und diese oder jene ihnen auffallende Pflanze zu bestimmen suchen.
In diesem kleinen Buch, das nur zu eigenen Studien anregen soll, ist es natürlich ausgeschlossen, eine auch nur unvollständige Liste der Tessiner Flora zu geben; dazu bedürfte es eines umfänglichen Werkes. Es soll jedoch versucht werden, einige Grundzüge der Pflanzengesellschaften zwischen dem alpinen und mediterranen Bereich aufzuzeigen und außerdem einige Tessiner Spezialitäten zu nennen, so etwa jene Flora, die die zahllosen Mauern besiedelt. Wer

Bilder 29, 30 und 31 (rechts von oben nach unten). Die Eßkastanie *(Castanea sativa)* von der dekorativen Blüte über den Fruchtansatz bis zur fertigen Maroni in ihrer stacheligen Verpackung. Kastanien haben früher der armen Bevölkerung Brot und Kartoffeln ersetzt.

Pflanzen bestimmen möchte, dem seien die Werke von Schröter und Schmid „Flora des Südens", Verlag Rascher, Zürich, Pitschmann und Reisigl „Bilder-Flora der Südalpen", Gustav Fischer Verlag, Stuttgart, empfohlen. Vielleicht läßt sich sogar noch die überaus gründliche Broschüre von J. Bär „Die Vegetation des Val Onsernone" auftreiben, die 1918 als Beitrag der Schweizer Naturforschenden Gesellschaft bei Rascher, Zürich, erschienen ist.

Wenn wir Tessiner Täler durchfahren, fallen uns zunächst die Formationen der Gehölze auf, die der Landschaft und der entsprechenden Höhenlage ihr Gepräge geben. So ist vor allem die Kastanie *(Castanea sativa)* nicht zu übersehen, die der typische Vertreter der insubrischen Wälder ist. Sie stellt sowohl an die Feuchtigkeit wie auch an die Wärme hohe Anforderungen und findet diese Voraussetzungen im Tessin. Ihre Bestände, entweder als größere Haine oder auch nur als Niederwald, ziehen sich von etwa 250 bis 1200 m Meereshöhe und ihre eßbaren Früchte haben in früheren Jahrzehnten bei den armen einheimischen Familien fast völlig Brot und Kartoffeln ersetzt. Auch als Brenn- und Bauholz wurden und werden Kastanien genutzt. Die Blüten spenden den leicht bittersüßen Tessiner Honig. Leider leiden diese Bäume manchmal an einem Pilz, der von Japan über Amerika eingeschleppt wurde, dem Rindenkrebs *(Endothia parasitica)*, der oft ganz gesund aussehende Kastanien plötzlich welken läßt. An lichteren Stellen der Kastanienhaine findet sich auf dem Boden *Festuca rubra* (Schwingel) und *Holcus lanatus* (Honiggras), auch *Calluna vulgaris* (Heidekraut) oder *Pteridium aquilinum* (Adlerfarn).

Neben der Kastanie ist die Buche der wichtigste waldbildende Baum des Gebiets. Sie schließt sich meist an die obere Grenze der Kastanienwälder an und bildet zusammenhängende Gürtel. *Fagus silvatica* ist über 1000 m Meereshöhe der vorherrschende Laubbaum, wenn die Bestände auch früher durch Raubbau stark dezimiert worden sind. In den höheren Lagen wird der Buchenbestand durch die intensive Beweidung oft zur Buschform reduziert, die von den Ziegen dauernd kurz gehalten wird. Solche Verbißbuchen bilden oft heckenartige Dickichte. Als Begleitflora der Buchenwälder findet man auf Steilhalden *Calamagrostis arundinacea* (Waldreitgras), auch *Rhododendron ferrugineum* (Alpenrose) als Unterholz.

Die Kalkarmut des Gesteins und der reichliche Regen läßt auch die Birke *(Betula pendula)* schöne und oft artenreine Bestände bilden, die sich meist an den feuchten, nördlichen Abhängen der Schluchten finden. Doch findet man einzelne Birken auch auf trockenen Buschweideflanken, die mit Haselnuß

Bilder 32, 33, 34 und 35. Obere Reihe von links: Schwarzer Germer *(Veratrum nigrum)*, Roter Enzian *(Gentiana purpurea)*. Untere Reihe: Spinnweben-Hauswurz *(Sempervivum arachnoidum)*, Alpenkratzdistel *(Cirsium spinosissimum)*.

(Corylus avellana) bestanden sind. Begleitflora der Birke ist sehr häufig *Cytisus scoparius* (Gemeiner Besenginster), auch *Molinia caerulea* (Blaues Pfeifengras) und *Bromus erectus* (Aufrechte Trespe), *Chrysopogon gryllus* (Goldbart), *Festuca rubra* (Schwingel), *Agrostis tenuis* (Straußgras), *Brachypodium silvaticum* (Waldzwenke) und *Luzula silvatica* (Große Hainsimse).
Eichen, die Heimat der Siebenschläfer und Hirschkäfer, finden sich entweder als eingestreute Einzelbäume oder in Gruppen; die Traubeneiche *(Quercus sessiliflora)* und die Flaumeiche *(Quercus pubescens)* sind hier verbreitet und haben etwa dieselbe Begleitflora wie der Kastanien- oder Buchenwald.
Linden *(Tilia cordata)*, Bergulmen *(Ulmus scabra)*, Eschen *(Fraxinus excelsior)*, Erlen *(Alnus incana* und *glutinosa)*, Goldregen *(Laburnum alpinum)*, Mehlbeere *(Sorbus aria)* und Eberesche *(Sorbus aucuparia)* vervollständigen den Laubwaldgürtel.
Von den Nadelhölzern erscheint die Weißtanne *(Abies alba)* fast nur in Nordlagen und bildet große Bestände bis hinauf auf 1600 m. Als Unterholz findet sich, wo die Sonne etwas auf den Boden dringt, *Rhododendron ferrugineum* (Alpenrose) und *Calamagrostis villosa* (Reitgras). Auch viele Farne gedeihen im Weißtannenschatten, wie *Athyrium filix femina* (Frauenfarn), *Dryopteris filix mas* (Wurmfarn) und *Allosurus crispus* (Geröllfarn). – In einer Höhe von etwa 1400 – 1500 m dominiert die Fichte *(Picea excelsa)*, die dann allmählich der Lärche *(Larix decidua)* Platz macht. Das Unterholz im Fichtenwald ist äußerst spärlich und läßt nur einige Alpenrosen zu, während sich im Lärchenbestand ein Wildheurasen aus *Nardus stricta* (Steifes Borstgras) und *Carex sempervirens* (Immergrüne Segge) bildet, dazu Bestände von *Rhododendron ferrugineum* (Alpenrose) und *Vaccinium myrtillus* (Heidelbeere).
An den sonnenbeschienenen Talausgängen siedeln sich mediterrane Cistrosengebüsche *(Cistus salviifolius)* an, die wie der stets mitvorkommende Besenginster *(Sarothamnus scoparius)* keine eigentlichen Xerophyten (Trockenheitspflanzen) sind, sondern von der Feuchtigkeit des Bodens profitieren, ohne die sie auf den Felsabhängen nicht existieren könnten. Weitere Pflanzen, die größere Gruppen oder Bestände bilden, sind die Alpenrosen, die nicht selten Mannshöhe erreichen und oft undurchdringliche Dickichte bilden bis zu einer Höhe von 2300 m hinauf, dann der eben erwähnte Besenginster (bis 1400 m hoch), der eine humose und durchlässige Bodenschicht verlangt; Schneeheide *(Erica carnea)* ist auf kalkhaltigem Untergrund zu finden, Besenheide *(Calluna vulgaris)* wird als magere Weide genutzt. Auch Heidelbeeren *(Vaccinium myrtillus, V. uliginosum* und *V. vitis idaea)*, Zwergweiden *(Salix herbacea)* und Alpenheide *(Loiseleuria procumbens)* sind bestandbildend.
In der Karflur finden sich ganze „Wälder“ von Farnen, so vor allem dem Adlerfarn *(Pteridium aquilinum)*, aber auch Bergfarn *(Dryopteris montana)*

Bild 36. Blick ins Val Onsernone von Spruga aus.

und Frauenfarn *(Athyrium filix femina)*. Flachmoore werden von Sternsteinbrech *(Saxifraga stellaris)*, Fetthennensteinbrech *(Saxifraga aizoides)*, Rauhem Steinbrech *(Saxifraga aspera)*, dem Sumpf-Pippau *(Crespis paludosa)*, Scheuchzers Wollgras *(Eriophorum scheuchzeri)* und der Igelsegge *(Carex echinata)* bewohnt, auf Hochmooren finden wir außer den *Sphagnum*-Arten den Igelkolben *(Sparganium emersum)*, die Knäuelbinse *(Juncus conglomeratus)* und den Rundblättrigen Sonnentau *(Drosera rotundifolia)*.
Unmöglich, Ihnen die vielen Einzelpflanzen der subalpinen und alpinen Felsflur aufzuzählen. Hier müssen Sie selber auf botanische Exkursion gehen. Mauerpfeffer und Steinbrecharten, Alpenrosen, Primeln, Leimkraut, Bibernell, Eberwurz, Gold- und Bergdistel, Habichtskraut, Faltenlilie, Küchenschelle, Kreuzdorn, Mannsschild, Läusekraut, Glockenblumen, Alpenaster, Alpendost, Enziane, Gemswurz, Alpenklee, Silberwurz, Nelkenarten, Fingerhut, Teufelskralle – man könnte so fortfahren. Es gehört jedenfalls zu den schönsten Stunden einer Tessinexkursion, sich auf einer solchen Bergmatte niederzulassen, die vielen Pflanzen in Ruhe zu betrachten und zu bestimmen.
Eine botanische Tessiner Spezialität sei Interessierten besonders ans Herz

gelegt: das ist die Flora der Mauern. Jede Straße in den Tälern ist bergseits von einer Mauer gesäumt, die das Erdreich stützen muß und meist aus kunstvoll hochgeschichteten Gneisblöcken besteht. Man kann ohne weiteres eine geschlagene Woche damit verbringen, sich mit dieser Tessiner Mauerflora zu befassen, wobei es sich zeigen wird, daß es Unterschiede in der Besiedlung von trockenen (also freistehenden) und feuchten (das Erdreich stützenden) Mauern gibt. Von den über sieben Dutzend Arten, die Fachbotaniker an Tessiner Mauern gefunden haben, wollen wir nur wenige erwähnen. Da ist der schöne Straußsteinbrech *(Saxifraga cotyledon)*, eine Reihe von Farnen (Frauenfarn, Bruch-, Eichen-, Berg- und Streifenfarn), Gräser, Binsen und Simsen, die Astlose Graslilie *(Anthericum liliago)*, Ampfer- und Knöterricharten, Leimkräuter, dann Felsennelke *(Tunika prolifera)*, Federnelke *(Dianthus sequieri)* und Karthäusernelke *(Dianthus carthusianorum)*, Seifenkraut, Stern-, Vogel- und Grasmiere.

Wenn Sie Fotograf sind und auf der Suche nach einigen spektakulären und fotogenen Pflanzengestalten, so darf ich Ihnen einige Tips geben: die herrlich orangerote Feuerlilie *(Lilium bulbiferum)* wächst ebenso wie die nicht minder schöne *Lilium martagon* (Türkenbund) in der Nähe des prächtigen und ebenfalls fotografierenswerten Wasserfalls von Foroglio im Bavonatal. Die Pflanzen stehen dort im Haselnußbestand gleich links vor dem Ortseingang. Aber bitte: nur fotografieren! Die Schweizer Naturschutzbestimmungen sind genauso streng wie die unseren und das mit Recht.

Schwarzer Germer *(Veratrum nigrum)*, Gladiole *(Gladiolus segetum)*, Akelei *(Aquilegia vulgaris)*, Blauer Eisenhut *(Aconitum napellus)*, ebenfalls schöne Pflanzen für die Dia-Sammlung, finden Sie am Monte San Giorgio (Luganer See), von dem im Kapitel über die Sauriergrabungen die Rede ist. Gleichfalls am Luganer See empfiehlt sich ein Ausflug auf den Monte Generoso (vielleicht aufwärts mit dem Bähnchen und abwärts zu Fuß): dort wachsen schöne Prachtnelken *(Dianthus superbus)* und Pfingstrosen *(Paeonia mascula)*, außerdem ist der Generoso Fluggebiet schöner Falter, darunter des Apollo. – Sicher haben Sie auch den Purpurnen Enzian *(Gentiana purpurea)* noch nicht gesehen? Er blüht im Frühsommer im Hochwald genau am Eingang zum höchstgelegenen Ort des Tessins, Bosco Gurin. Bläulich-purpurn sehen die Blüten (etwa knie- bis hüfthoch) von außen, innen gelblich aus. Auch oberhalb Fusio (oberes Maggiatal) wachsen etliche Bestände dieses außergewöhnlichen Enzians.

Bilder 37, 38, 39 und 40. Obere Reihe von links: Alpenveilchen *(Cyclamen europaeum)*, Feuerlilie *(Lilium bulbiferum)*. Untere Reihe: Breitblättriger Enzian *(Gentiana kochiana)* und Türkenbund *(Lilium martagon)*.

Eine für Hobby-Botaniker recht eindrucksvolle Autotour (bei der man allerdings alle paar Kilometer aussteigen und ins Gelände ausschwärmen muß) möchte ich Ihnen zum Abschluß noch empfehlen. Sie zeigt Ihnen die große Variationsbreite der Tessiner Flora in wenigen Stunden. Starten Sie unter der üppig-mittelmeerischen Vegetation am Lago Maggiore etwa in Locarno oder Ascona und fahren Sie das Maggiatal hinauf, soweit Sie ihr (hoffentlich gut bereifter) Wagen trägt. Sie queren hier sämtliche Vegetationsgürtel, die das Tessin zu bieten hat und Sie sollten sich nicht (wie die meisten Touristen) davon abhalten lassen, am ersten Stausee oberhalb Fusio nach Besichtigung der Staumauer und den leuchtenden Flecken tiefblauen Enzians nur deshalb wieder umzukehren, weil hier ein Stopschild darauf hinweist, daß eine nichtöffentliche Straße beginnt, bei der nur auf eigene Gefahr weitergefahren werden kann. Die interessante Strecke beginnt erst hier. Sie führt an Mooren vorbei über die nächste Bergstufe hinauf in die montane und alpine Region, über ziemlich sportliche Serpentinen an dunkelblauen Bergseen schon oberhalb des Waldgürtels vorbei zum nächsten Stausee, wo man am besten den Wagen abstellt und zu Fuß weitergeht. Beherrschender Berg zur Linken ist die firnglänzende Cristallina, der Wanderweg führt hinüber ins Bedrettotal am Südhang des Gotthard. Hier, liebe Naturfreunde im Tessin, läßt sich botanisieren, daß Ihnen die Augen übergehen. Mehr sage ich nicht. Vielleicht schreiben Sie mir mal eine Postkarte, daß sich auch für Sie diese bemerkenswerte Autotour gelohnt hat.

Blumen auf Granit

Dies wird ein Kapitel für Damen. Bei all meinen Tessiner Reisen habe ich nämlich die Erfahrung gemacht, daß sich die mitgeführte Naturfreundin weniger für Vipern, Skorpione und Feuersalamander interessierte, sondern sofort in helle Entzückensschreie ausbrach, sobald die ersten Tessiner Gärten und Parks auftauchten. Zwar ist dieser Teil Tessiner Natur vom Menschen gemacht, doch deshalb keineswegs weniger sehenswert. Es ist schon überwältigend, welche Blütenpracht in den Frühlingswochen über die grauen Mauern und schmiedeeisernen Tore der Gärten um die beiden insubrischen Seen quillt. „Insubrisch“, das ist ein Wort, das Ihnen in allen Tessiner Landschaftsbeschreibungen immer wieder begegnet. Es hat nichts mit „subtropisch“ oder

Bilder 41, 42 und 43. Im Botanischen Garten auf der Brissago-Insel: der Seerosenteich, eine Hibiskusblüte und der See mit dem Lotos.

Bilder 44 und 45 (oben und rechts). Hier schauen wir den Granitarbeitern von Riveo im Maggiatal über die Schulter. Die mächtigen Platten werden erst mit Keilen durchlöchert und dann mit Brecheisen geteilt. (Petrographisch handelt es sich hier um Gneis.)

einer anderen Klimabezeichnung zu tun. Die Insubrer waren ein keltischer Volksstamm in Oberitalien, dessen Hauptstadt Mailand (Mediolanum) war. Die insubrischen Seen sind demnach jene, die am Südabhang der Alpen im italienischen oder südschweizerischen Gebiet, im alten Insubrerland, liegen.
Die hohe Zeit für die Tessiner Gartenpracht sind die Wochen zwischen Ostern und Pfingsten; eigentlich mehr auf Pfingsten zu, weil es an Ostern im Tessin

oft regnet. Kaum ist aber diese Regenwoche vorbei, sind die scheinbar belanglosen Bäume in den öffentlichen Anlagen von Locarno und Lugano nicht wiederzuerkennen. Sie entpuppen sich als vier Meter hohe rot oder weißglühende Kamelien, als riesenhafte, violette Azaleen oder rosaüberschäumende Rhododendren, nicht zuletzt als weißsternige Magnolien der verschiedensten Varietäten. Was wir zu Hause in Gewächshäusern bewundern, ist hier Straßenbaum. Die alten Villen an den Seeufern leuchten plötzlich im Hellviolett der Glyzinien, in sonnenwarmen Innenhöfen der Stadthäuser branden rote Bougainvillien empor. Gleich vor Locarno, zwischen den Ortschaften Minusio und Tenero, liegt eine Gärtnerei am Bergeshang, die von der Straße bis hinauf

Bild 46. Sogar die Stützen für die Tessiner Weinstöcke sind aus gespaltenem Granit wie hier in Someo (Maggiatal).

zum Berg ein einziges Meer blühender Azaleen ist. Wer sich dort einen kleinen Oleander als lebendes Souvenir vom Tessin ersteht, kann in diesem Blumenparadies, zu dessen Füßen der Lago Maggiore blaut, lustwandeln.
Nur wenige Tessiner Gärten haben aber das Glück, in der ebenen Uferzone der Seen zu liegen. Fast alle sind als Berggärten angelegt, die sonnenverwöhnten Berghänge hinauf, fast alle sind Terrassengärten mit Stützmauern und unzähligen Treppen. Und damit sind wir bei einem uralten Tessiner Handwerksgewerbe angekommen, das die Anlage solcher kunstvoller Hanggärten erst ermöglicht: die Granitarbeiter. Viele alte Handwerke sind ja aus den Gegebenheiten der Natur und Landschaft entstanden: der Wald läßt gute Zimmerleute wachsen, der Stein schafft Generationen von Steinmetzen und Maurern. So ist der Tessiner, dessen Fuß dauernd auf dem pfeffer- und salzfarbenen Gestein geht, von alters her ein erfahrener Steinhandwerker. Er sieht jedem Stein sofort an, ob und wie er sich spalten läßt, um daraus eine Tischplatte, eine Treppenstufe oder auch nur Terrassenbelag zu machen. In allen Tessiner Tälern bis hinauf in die Hochregion trifft man die Granitwerkstätten, in denen der Stein aus der Wand gebrochen, gespalten und zu brauchbaren Platten behauen wird.

Bilder 47, 48 und 49. Brücken im Tessin: Die wohl am meisten fotografierte doppelbögige Brücke im Verzascatal bei Lavertezzo; die alte – „römisch“ genannte – Brücke im Centovalli hinter Intragna; die lustig schaukelnde Hängebrücke über die Maggia oberhalb Ponte Brolla, über die es zu den Ginsterbüschen mit den Gottesanbeterinnen geht.

So sind nicht nur die Stützmauern und Treppenstufen, sondern auch Sitzbänke, Gartentische, ja selbst die Pfosten für Weinreben oder Glyzinien der Tessiner Gärten aus Granit (bzw. Gneis) und damit fast für die Ewigkeit gebaut. Auf diesem hellgrauen Untergrund des Urgesteins heben sich die Farben der blühenden Gewächse besonders wirkungsvoll ab. Ein altes Tessiner Haus, dessen Dach mit Granitplatten kunstvoll gedeckt ist, sitzt da wie aus der Natur gewachsen, wie eine dicke, steinerne Kröte, aber über die massiven Mauern des kleinen Gartens quellen Rosenbüsche, Jasmin, bunte Lilien, Hortensien und Hibiskus. Noch subtropischer geht es in den Villengärten am Seeufer zu: Zwischen den dunklen Silhouetten der Zedern, Zypressen, Eukalyptus, Araukarien und Dattelpalmen leuchtet das Grün der Bananenblätter, der unzähligen Agaven, Opuntien und Feigenbäume. Oleanderbüsche begrenzen die Fahrbahnen der Autostraßen. Über die Gartenmauern am See hängen Orangen und Zitronen zwischen mächtigen Bambusstauden.

Für die Freunde exotischer Gewächse und Blumen empfiehlt sich auch ein Schiffsausflug von Ascona zum Botanischen Garten der Brissago-Inseln. Diese Eilande im Lago Maggiore wurden 1886 von der Baronin St. Legèr erworben, von den ursprünglichen Pappeln, Weiden, Eichen und Robinien befreit und in einen exotischen Park verwandelt. Als das Vermögen der Dame zu Ende war, verkaufte sie die Inseln an den deutschen Industriellen Dr. Emden, der sich – wie könnte es auch anders sein – einen Luxuspalast, im Innern mit weißem Carrara-Marmor ausgekleidet, erbauen ließ. Nach dem Tod von Dr. Emden übernahm der Kanton Tessin zusammen mit den Ufergemeinden diese Inseln, und seitdem ist der Park öffentliches Eigentum, wissenschaftlich betreut von den Botanischen Instituten der Universitäten Zürich und Basel.

Die kleinere Brissago-Insel, auf der das Landen von Booten untersagt ist, wurde nicht zu einem Exotengarten umgestaltet, sondern soll ein Reservat für die einheimische Tessiner Flora bleiben. Studenten können dort die Formen der alpinen, mediterranen und atlantischen Flora studieren. Die große Brissago-Insel ist auch nicht mit Parkanlagen wie die der Villa Carlotta am Comersee oder der Villa Taranto bei Pallanza zu vergleichen; man legte hier Wert auf den Ausbau von geographischen Pflanzengruppen aus den unterschiedlichsten Breiten. Auf der Insel wachsen mächtige Sumpfzypressenhaine, riesige Exemplare australischer Eukalyptusbäume, Gruppen japanischer Hanfpalmen, von Lianen und Glyzinien umschlungen. Aus Nepal sind Kampferbäume hierher verpflanzt worden. Mammutbäume spenden Schatten. Gewaltige Bambus-

Bild 50 (rechts). Im vom Wasser glattgehobelten, steinernen Bachbett lassen sich besonders schön die farbigen Granite und Gneise mit der weißen Maserung beobachten, die aus Quarzbändern besteht.

pflanzen, die jährlich um zwanzig Zentimeter wachsen, bilden ein eindrucksvolles Unterholz. An den Uferfelsen sonnen sich mächtige Agaven und Opuntien. Die Terrasse der Villa, heute den Besuchern ein wilkommener Ort zum Kaffeetrinken, ist mit Glyzinien, Orangen- und Zitronenbäumen, Hibiskus und Bougainvilleas überwachsen.
Von der Aussichtsplatte der Insel hat man einen schönen Blick zum Ostufer des Sees hinüber, zum Monte Gambarogno und zum Monte Tamaro. Segelboote umrunden die Inselspitze, und wer hinuntersieht ins Wasser, entdeckt Schwärme großer Seeforellen.
Es ist schon eine gesegnete Gegend, dieser Kanton Tessin!

Bild 51. Ein altes Tessiner Haus hoch oben in Corippo im Verzascatal. Alles ist aus Stein, der im Sommer im Schatten des Weinlaubs Kühle bringt.

Sachregister